别让爱成恨

——读懂孩子再谈爱孩子

武斌◎著

广东旅游出版社
GUANGDONG TRAVEL & TOURISM PRESS

悦读书·悦旅行·悦享人生

图书在版编目（ＣＩＰ）数据

别让爱成恨：读懂孩子再谈爱孩子 / 武斌著 .—广州：广东旅游出版社，
2013.10

　ISBN 978-7-80766-700-1

Ⅰ . ①别… Ⅱ . ①武… Ⅲ . ①婴幼儿心理学②婴幼儿—家庭教育—基本
知识 Ⅳ . ① B844.11 ② G78

中国版本图书馆 CIP 数据核字 (2013) 第 234807 号

责任编辑：何　阳
封面设计：艺升设计
责任校对：李端苑
责任技编：刘振华

广东旅游出版社出版发行

（广州市越秀区先烈中路 76 号中侨大厦 22 楼 D、E 单元　　邮编：510095）

邮购电话：020-87348243

广东旅游出版社图书网

www.tourpress.cn

印刷：北京毅峰迅捷印刷有限公司

地址：（通州区潞城镇南刘各庄村村委会南 800 米）

710 毫米 ×1000 毫米　16 开　14 印张　180 千字

2013 年 10 月第 1 版第 1 次印刷

定价：29.80 元

目 录
CONTENTS

目 录
CONTENTS

目　录
CONTENTS

第一章

读懂孩子内心情绪表达方式

情绪是人与生俱来的心理反应，其在幼儿心理发展过程中起到至关重要的作用，幼儿的情绪易受周围环境的影响，且容易激动，内心情绪感触和行为表现基本一致。情绪对幼儿行为表现的影响是显而易见的，积极情绪使幼儿行为积极，消极情绪则会影响幼儿的积极性。刚刚成型的幼儿各方面都处于初级发展阶段，其动作发展不完全，语言表达能力极其有限，这个时期的幼儿感情方面处于"反抗期"，情绪既不稳定，很容易发脾气。

我们只有正确地理解幼儿的情绪表达方式，才能给予恰当的情绪安慰，才能更好地引导幼儿保持积极的心境，使其情感健康地发展。

NO.1　特殊的呼救方式——心情不好哭给你看

哭声，是孩子表达自己情绪的一种方式，如果我们把新生宝宝每天的哭声精准记录下来的话，他们每天要哭大约三小时，很不可思议吧。

身为父母，当你的宝宝随意哭闹时，你是否明白他想要表达些什么，你又会有怎么样的应对方式？是烦躁不安，还是细心解读宝宝哭声背后的含义。其实，只要你了解了孩子的内心世界，所有的问题都会迎刃而解。

李芳结婚不久便顺理成章的要了孩子，如今孩子已经两岁半了，职场一直强势的李芳却被这个小家伙弄得束手无策。

李芳的宝宝出生后便由她的母亲带，两岁后为了方便孩子上学，李芳便将孩子接到自己身边，从此照料孩子的担子便落到李芳的身上。李芳照顾宝宝的期间虽然严格依照母亲之前的叮嘱，可自从她亲自照顾宝宝开始，才发现宝宝动不动就哭，比如同龄孩子拿了他的玩具他便号啕大哭，看不到妈妈他会哭，手里的东西掉在地上也会哭……

虽然李芳夫妻俩尽量保护这个孩子，可作为一个男孩子，动辄便

哭难免会让人烦心，久而久之，李芳也被这个棘手的问题弄得焦头烂额，之前脾气极好的李芳日益烦躁，原本和谐的家庭矛盾四起。

为了解决这个宝宝爱哭问题，李芳带着孩子走遍市里的大小儿童医院寻求解决办法，可始终没有什么结果，真不知道该怎么办才好！

专家聊天室：解析宝宝爱哭的心理情绪

宝宝为什么爱哭？这个问题很多人认为很好回答，因为他遇到自己不如意的事，哭是理所当然，然而事实却不尽如此。

哭，是人类生理情趣的一种表达或表露，也是人类表达感情的一种方式，除此之外"哭"还作为一种发泄方式而存在，然而在这里，"哭"往往作为一种传递信息的方式，是反映孩子自身情绪和意愿的一种表现形式，这是学龄前孩子的特点，无对错之分。

0—4岁的幼儿，语言表达能力还不完善，哭闹理所当然的作为表达自身意愿的媒介。在幼儿心理学上，我们将六岁前幼儿爱哭的心理反应归纳为五个方面，世界上没有两片相同的树叶，更别说两个性格相同的孩子，我们可以根据不同的生长环境，不同的境遇情况，列出具有针对性的解决办法。

1. 目的型心理：为索取某些物质或精神需求

目的型哭闹将哭作为一种获取手段，可能是为了得到物质上的需求，或许是为了精神上的满足，幼儿之所以会用哭的形式来满足自己的需求，那么他必定有过相关的经验，一次，两次，屡试不爽，久而久之便成为一种习惯，且越来越依赖以哭的形式来表达自己的情绪，

从而达到自己内心的期望值。例如，别的小朋友拿了浩浩的玩具，他不去讨回，也不向别人倾诉，而是本能地哭了起来。在他的思维里，他哭的目的就是想引起别人的注意，引起别人注意的目的一是给对方施压，让其主动归还自己的东西；二是让周边的大人帮助自己索取，从而达到目的。

2. 间歇型心理：自身情绪低落存在不稳定性因素

孩子接触范围狭窄，缺乏与人交流的倾向，别的小朋友和他沟通时表现躲避，在自己的世界里，其情绪波动只受自己主观意识支配，愿意怎样做就怎么样做，毫无顾忌，旁若无人，久而久之情绪便会逐渐偏离正常轨道，一般表现为情绪低落，只要稍有不如意便会出现大哭大闹的焦虑反应，不肯改变原有的情绪习惯，情绪波动较大，甚至毫无动机，毫无理由的随意哭闹。遇到这样的情况，家长便要准确地读出孩子这一特殊的表达能力，对症下药，稳定孩子情绪。

3. 体验型心理：情绪波动受周围环境影响

孩子的情绪在一定程度上来自于抚养者，身边的人就是他模仿的对象，一个烦躁的抚养者教不出性格温顺的孩子，不和谐的家庭也长不成一个健康快乐的宝宝，周边环境不和谐很大程度上会影响到孩子的情绪，原本活泼好动的孩子突然变得脾气暴躁，大哭大闹，一定是有原因的，只要加以分析，耐心倾听便会找出问题的所在。比如在家庭是否有什么事对孩子产生了不良影响，宝宝幼儿园是不是受到挫折和委屈等都可能触发孩子心底的不良情绪，促使其哭闹。

4. 反抗型心理：外部压力压制所迫

反抗型心理一方面由不恰当的教育方式引发，如幼儿园内强制性的知识灌输，会让孩子心理压抑；另一方面你对自己的孩子是否期望太高，除了幼儿园之外，钢琴，舞蹈，绘画等兴趣班充斥着他的生活。自由玩耍是每一个孩子的天性，过大的压力让孩子失去游戏时间，孩子承载着你的期望，背负起学习成才的包袱，在孩子的潜意识里会产生这样的错觉，自己听妈妈的话，在各方面都取得好成绩，妈妈才会引以为豪，才会竭力爱他。每个孩子都渴望被关注，所以在内心会不断给自己施压，长久下来，孩子的情绪就会变得压抑烦躁，当心理压力积攒到一定的程度便会以哭闹的形式爆发出来。

5. 先天型心理：先天个性多愁善感

有的孩子天生多愁善感，情绪很容易受到外部条件的感染，周围发生的一件小事都可能和他产生共鸣，这样的现象在气质上被定义为情绪本质负向。情绪本质负向的孩子受到局部消极环境影响，便会产生负向的情绪，其表达形式多为哭闹、发脾气。这是孩子的个性倾向所致，多数家长找不到根源，错误的安抚方法使孩子哭闹的更严重，这会导致家长情绪烦躁，无法心平气和的沟通，久而久之亲子之间便会出现隔阂。

家长执行方案：解决孩子爱哭难题

哭是一种自然的情绪表达方式，当孩子的语言表达不完善时，往往用哭来表达自己的感情和挫折，可是当这一举动演变成一种行为习惯时，便会影响孩子的性格塑造，不利于孩子坚强个性的养成。

对于孩子来说，3岁半左右应该就算是个分水岭，为了孩子能顺利长成，幼龄前就应该培养孩子的情绪管理能力，变"哭出来"为"说出来"，如何才能做到这一点？家长首先应该弄清楚孩子哭闹的原因，见招拆招，从小培养孩子良好的情绪习惯。

制胜绝招一：针对目的型哭闹家长该纵容有度

之前提到，目的型哭闹作为一种索取手段，其目的不外乎物质需求和精神需求。对于物质上的索取，宝宝第一次用哭的方式索取成功后，必然会有第二次、第三次，以致成为自然。如今的孩子多是独生子女，对家长的依赖程度很大，溺爱已经成为普遍的社会现象，在这样的环境下，孩子的要求被拒绝后，哭闹时在所难免的。

针对这个特点，家长对于孩子的无理要求应该学会拒绝，对于孩子的合理要求延缓满足，不要让孩子感觉到不是因为他哭所以才达到目的，当然，这里所说的拒绝是要有一个过渡过程，只有循序渐进的拒绝孩子才更能接受。比如孩子和你一起去商场看到一件益智玩具，如果家里有且不需要就应该果断拒绝，之后仔细和孩子进行沟通，寻求更需要的玩具；如果家里没有且你也有购买意向，可以答应他下次来买，记着万不可失信。

制胜绝招二：解决间歇型哭闹该扩展孩子的视野圈

这类孩子很是细腻，性格也较为孤僻，不太愿意同人交流，家长应该多带孩子进行一些亲子活动，加强孩子的人际交往能力，让他体验到与同伴交往的乐趣，家长在教育过程中要有绝对的耐心，言辞不应该过于激烈，避免孩子内心产生抵触情愫，继而升级哭闹情绪。

除此之外，家长应该和孩子多沟通交流，时刻了解孩子的内心想法，给予孩子更多的支持和理解，多鼓励孩子，从正面引导孩子，帮助孩子塑造积极向上，阳光开朗的性格，从而远离哭闹。

制胜绝招三：良好的周边环境洗去体验型哭闹的烦恼

孩子的性格培养多来自抚养者的耳濡目染，模仿行为在幼儿时期是较为普遍的现象，周边环境对孩子情绪的培养和性格的养成起着至关重要的作用。因此，要想让孩子快乐活泼，抚养者必须调整自己的心态，使之积极向上。

幼龄儿童都较为敏感，其思维情绪受环境的影响较大，很容易焦虑、愤怒、忧郁，情绪波动较大的时候其表现形式就是哭闹，比如夫妻吵架，孩子在一旁会不自觉地哭闹。所以孩子的抚养者应该在孩子面前保持乐观愉快的情绪，避免将不良情绪传染给孩子，在自己心情不好的时候，更不可将自己的负面情绪释放在孩子身上，如果出现上述问题应该及时向孩子解释，舒缓孩子的心理情绪。

制胜绝招四：舒缓压力，化解孩子心底的本能抵触心理

反抗型心理多是压力过大所致，望子成龙，望女成凤，这是每个家长对自己孩子的心理期望，可家长不知道的是，压迫越大，反抗就越大，久而久之会让孩子在心底对你的期望值产生抗拒心理，其表现形式多为烦躁不安，脾气暴躁，无理哭闹等。

幼龄儿童在初级成长阶段，在这期间最重要的任务不是让他掌握更多的艺术技能，或者灌输更多的知识，而是培养孩子对学习的兴趣，可现在许多家长往往与之背道而驰。在成长的初级阶段，家长不要给孩子太多的压力，多给孩子自由游戏的时间，这不仅可以培养他的创造力和认知力，提高学习兴趣，更能培养健康向上的心理情绪，解决反抗型哭闹的难题。

制胜绝招五：多点关爱，带孩子走出先天忧郁的阴影

先天多愁善感的幼儿性格都较为内向敏感，情绪容易受到周边气氛环境的影响，所以大人在平时的教育生活中言行应基于平缓，不可过于严厉，在一定程度上引导孩子自我克制，减少哭泣次数。幼儿时期的孩子不可能不犯错误，对于犯错误的孩子，家长切记既不能毫无原则，也不要随意斥责。除此之外，在精神层面要多关心孩子，留出足够的时间陪伴孩子，增进亲子感情，减少孩子内心的孤僻和脆弱。对待这样的孩子要有足够的耐心，不可在孩子面前表露出失望、无奈的表情，甚至当众指责孩子、吓唬孩子，更不可随意给孩子贴上"爱哭、不听话"的标签。

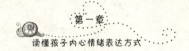
比如，孩子受周边某件事情，或某个东西的刺激开始哭闹，家长应该及时转移孩子的注意力，打开他感兴趣的动画片、拿来他喜欢的玩具等，让他对敏感的事物尽快忘记；孩子无理取闹地哭泣时家长不应该任由他哭闹，或者"恐吓"他，说出让坏人把他抓走等言论，而是换个人去安慰他，给他一个台阶下，情况往往会出乎人的意料；当然，轻音乐有时候也可以让小龄幼儿情绪平稳，关键时候各位家长不妨一试。

NO.2 夜晚闹一闹——读懂孩子独特的睡眠规律

宝宝夜晚啼哭是一个常见的现象，幼龄前宝宝每天都会在固定的时间段哭闹上一段时间，无论家长用什么样的方式哄都无济于事，可固定时间段一过，宝宝便会沉稳地熟睡，这个现象让所有的妈妈都头疼不已。

那么，你深入了解过孩子夜间哭闹背后的原因吗？你知道宝宝晚上哭闹的心理需求吗？你又有什么好的办法来解决这些问题吗？

张女士的孩子一岁多了，因为工作的关系，孩子在一岁之前都由奶奶带，近几个月因为奶奶的身体不适，张女士怕孩子受到影响，于是将孩子接到自己的住处，可工作繁忙的张女士无法全职照顾孩子，只能为不到一岁的孩子请了一个小保姆，孩子平时的生活基本上都由小保姆照料。

每逢周末，张女士一有时间便会带着自己的孩子出去玩耍，从吃喝到玩乐，可谓是有求必应。可最近一段时间，张女士发现孩子每天

睡觉前都哭闹，还经常半夜惊醒哭闹不止，脾气也变得很大，只要稍有不如意就会尖声哭叫，乱打乱动，弄得小保姆束手无策，非得张女士亲自抱着安抚才能安睡。久而久之，工作繁忙的张女士被夜晚爱哭闹的宝宝弄得心烦意乱，疲惫不堪。

张女士和丈夫都以为孩子身体不舒服，于是便带着孩子去儿童医院做全身检查，可孩子各方面并未发现异常，医生便推荐张女士到幼儿心理咨询处咨询。

专家聊天室：读懂宝宝夜晚爱闹的心理情绪

在中国，有的健康宝宝都会出现夜晚哭闹现象，这属于一种适应性行为，宝宝夜间爱哭闹无非是由生理和心理两方面因素左右的，家长首先应该确定孩子爱哭闹是不是受生理因素影响，如室内温度不适宜，饿了，渴了，缺乏微量元素等外部因素所致。

如果一切正常，那便得从心理方面着手，三岁前的幼儿神经系统发育不完善，抑制功能较为薄弱，白天大多数时间都浸泡在接受信息和处理信息的过程中，大脑受到强烈的刺激，晚上睡着以后大脑仍处于兴奋状态，当思维控制不住就会引发在睡眠中突然哭闹，如做噩梦一般。

总体来说，对于幼龄宝宝夜间哭闹的心理我们可以统归为以下几个方面。

1. 溺爱型心理 过度宠爱强化孩子的不良行为

溺爱式培养是社会家庭幼儿教育的通病，家长对于孩子的需要往

往缺乏"延缓"和"拒绝"的分离反应，当孩子以"哭闹"为抗议性的形式表达需求时，家长毫无节制地满足孩子的一切需求，避重就轻，理所当然地承担孩子情绪反抗所导致的后果。家长之前的"迁就"便会让孩子习惯性地将问题推给家长，依赖心理愈见强化，当家长一时间无法达到孩子心理的期望值时，孩子就会以破坏性，或者冲突性的方式来表达自己的需求，尤其是隔代教养、单亲家庭、性格缺陷抚养者，很容易被孩子的心理需求所控制。

2. 自我型心理 自我中心型人格影响性格养成

自我中心型人格来源于夸大的自我形象，然而自我形象只不过是孩子的主观感受，抚养者无条件的满足会将孩子的主观意识变成客观事实。幼儿时期，孩子受自我中心陶醉的人格特征支配，只要家长对他稍有怠慢，便会以哭闹的形式表现出来，夜晚睡眠时间尤为严重。如自我中心陶醉的人格特征在成长过程中得不到矫正，随着年龄的长成，其性格多会以自我为中心，支配他人满足自己，推卸责任，把挫败归于别人，成功归于自己，在性格养成方面我们定义为控制性、推卸性、归外因的性格范畴。

3. 缺乏型心理 关爱缺乏综合症促使其哭闹

关爱缺乏综合症是一种分离性焦虑情绪心理，其主要表现形式为焦虑不安，情绪低落，精神紊乱，任性多动，睡眠困难，躁动哭闹等。渴望父母的关爱，是所有幼龄宝宝潜在的心理需求，幼龄儿童基本上没有独立自理能力，依恋行为较为严重，一旦与依恋对象分离，就会

产生一定的焦虑躁动因素，最终以哭闹的形式进行反抗。如张女士的孩子，常年由隔代人教养，一旦换成保姆教养便会哭闹不止，这并不是保姆不够细心，根本原因还是宝宝依恋心理较强，理想与需求有落差，所以经常啼哭不止，这是幼儿的一种抗议形式。

4. 失宠型心理 特殊行为会强化孩子的心理需求

失宠型心理是在特殊的环境下强化出来的结果，如孩子受委屈之后，家长安慰过度，为安抚孩子受挫的心理，过于迁就孩子，强化孩子哭闹行为。又或者生病期间教养者对孩子过度宠爱，稍微不舒服家长都会过于紧张，呵护备至，可谓是百依百顺，不管是不是合理的要求，家长都会竭力满足，等到孩子情绪平稳，或者病愈之后，多半会按照强化后的条件要求家长，如家长达不到自己心中的期望值，孩子心理上便会产生失宠的错觉，外部表现为情绪低落，烦躁不安，并不时地大哭大闹。

5. 协调型心理 生理条件和心理认知存在差异

宝宝晚上睡觉前爱哭闹，这就是我们俗话里说的"闹觉"，睡前闹一闹是所有宝宝的天性，其主要原因是宝宝年龄太小，不会控制自己的情绪，晚上睡觉前宝宝生理上已经很疲惫不堪，可心理上还想玩，如此一来，心理和生理不协调便会哭闹不止。另一方面就是白天孩子思维过于活跃，或受到外部条件的刺激，大脑保持着长期兴奋状态，晚间很难入睡，入睡后经常半夜惊醒哭闹。当然白天活动量太少，运动不足，夜晚迟迟不肯入睡，这也是导致孩子晚上

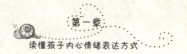

哭闹的重要原因之一。

家长执行方案：解决宝宝闹觉难题

　　睡眠是孩子的精神的源泉，只有良好规律的睡眠才能保证孩子精神饱满，进而减少哭闹次数，这也是促进亲子关系的一个重要环节。

　　据统计，难以抚养的幼儿约占出生幼儿的 10% 左右，这类宝宝对新环境很难适应，心理情绪波动较大。睡眠则是反应宝宝心理和生理是否健康的重要依据，我们可以从孩子的睡眠状况窥破孩子内心的心理波动，只有读懂孩子内在的心理需求，家长根据不同的情况采用不用的方法，才能有效地平息孩子的哭闹。

制胜绝招一：溺爱型心理家长应坚持原则纵容有度

　　孩子的教育环境决定孩子的性格走向，作为新家长，如果条件允许，尽可能的自己带孩子，如果因为某些因素做不到亲自教养孩子，也应该为孩子制订出性格养成方向，培养出良好的心理素养。

　　首先，给孩子制订一定的原则；其次，不合理的要求要坚决拒绝，孩子在尖叫哭闹的时候不要满足其心理需求，家长切记不要被孩子的哭闹所控制，在一定程度上减少孩子的依赖心理；再次，作为家长要塑造出民主权威的形象，不能溺爱，不得忽略，更不可专制，既要给孩子合理的行为原则，更要给他无条件的关爱，二者相辅相成。

制胜绝招二：正确的培养观念促成良好的性格养成

孩子的自我意识多是家长教养下的不良产物，如在家庭中特殊的优待地位，不合规矩的自我主张，家长明知不合理却不加以纠正，这都是孩子自我中心型人格养成的罪魁祸首，只有改变不合理的教养方式才能解决根本问题。

为孩子树立正确的意识观念，塑造出一个正常的"社会化"环境，让孩子在普通化的世界中正常成长，不可因年龄小就给不合乎规则的优待，剔除孩子思维中"自我为中心"的思维依托。如，有好玩的、好吃的东西应该学会与家人分享，而非一人独享；在孩子的能力范围内，自己的事情让他自己做，减少其心理依赖。

制胜绝招三：正确的表现方式让孩子知道爱的存在

关爱缺乏型心理的孩子总体来说就是没有安全感，对待缺乏安全感的孩子，家长尽量自己带孩子，不能将孩子完全交托给自己的父母或者保姆抚养，要知道父爱和母爱是孩子健康成长的必需品，二者缺一不可。此外，家长必须具备一定的敏感性，及时满足孩子的内心需求，加强和孩子的接触沟通，给予孩子足够的关爱，给孩子带来足够的信任感和安全感，让孩子多享受被爱的感觉。

例如，家长可以减少一些不必要的应酬，多抽些时间来陪伴孩子，多点耐心，倾听孩子的内心，尽量满足孩子的合理要求，多给孩子讲故事，教孩子学习，经常参加亲子活动，给孩子足够的安全感等。

制胜绝招四：平常心对孩子情绪养成的重要性

幼儿失宠型心理主要是在紧张氛围下过度关爱而后期延续不足的

特殊情况，比如生病期间，孩子稍微的不舒服家长便将孩子抱在怀里哄逗，等到孩子病好之后你只要将之放在床上，孩子就会哭闹不止，这便是强化孩子的哭闹行为。要解决孩子的哭闹问题，就应该剔除家长的强化因素，孩子哭闹往往是吸引控制父母关注的一种手段，家长过度满足，孩子的哭闹行为便会被强化，反之则会被弱化，弱化之后的宝宝便会减少用哭闹来控制父母的行为。所以在孩子情绪不稳定、生病或受委屈的时候，家长不可过度纵容强化孩子的哭闹行为，抱着一颗平常心来教养孩子，有利于减少孩子哭闹行为，更可以培养孩子良好的情绪素养。

制胜绝招五：外部因素对孩子心理波动的重要性

孩子生理和心理不协调所导致的哭闹归根到底还是外部因素影响所致，孩子大脑发育未成熟，自身生物钟极不规律，固定的生活时间表在生理上尚未形成，所以孩子在睡觉前不能玩得太兴奋，睡前创造安静的环境，有助于减少孩子睡前哭闹的情况，睡觉前也可以给宝宝做全身按摩，多抚摸，对稳定情绪都是极有利的。

一岁的孩子自我意识较为明确，喜好性较强，往往喜欢"睡前反抗"，也就是我们所谓的"闹觉"。这个时候家长们可以和孩子进行沟通，讲一些内容平缓不带刺激性的故事；减弱灯光，让孩子有准备睡觉的意识；也可以放一些较为舒缓的音乐，在一定程度上也可舒缓孩子的情绪；如果孩子睡觉"闹觉"比较严重，家长可将孩子的入睡时间提前一个小时，用一个小时的时间来安抚她，以保证睡眠时间充足，当然，这也是不得已而为的方法。

NO.3 睡觉缩成团——恐惧心理的表现

　　每个家长可能都遇到过这样一种现象，宝宝睡觉时突然大声哭泣，或者缩成团就像个小刺猬，看到狗狗，或者电视里的动物，都会害怕得大哭起来等诸如此类的问题，很多家长遇到这样的问题很是揪心，责怪孩子胆子小，殊不知，这是宝宝恐惧心理所引起的。

　　有的宝宝是天生胆小型，但大多数宝宝都是后天环境所影响而引起的心理变化。那么宝宝恐惧心理的背后到底有什么原因呢？如果您了解了这一点，就不会责怪是宝宝太胆小了。

　　壮壮刚上幼儿园，可是最近在幼儿园的表现，让妈妈烦躁不已。每次上幼儿园前都要大哭，妈妈哄也哄不好，只好吓他："你再这样，妈妈就不要你了，把你放幼儿园里再也不接你了！"壮壮显然被吓住了，虽然还在不停地抽泣，但不敢大声哭了。

　　一天晚上，妈妈把壮壮哄睡着，坐在沙发上看电视等爸爸回家。突然壮壮大声哭起来，声音凄厉，好像被什么东西吓到了。妈妈赶紧去看，只见壮壮双手死死抓住被子，闭着眼睛大声哭。妈妈抱住壮壮问："怎么了宝贝，做噩梦了是吧？妈妈在这呢，不怕不怕！"壮壮睁开眼睛，看到妈妈，哭得更凶了。妈妈问他梦到了什么，他不肯说，就一个劲地哭。妈妈只好把壮壮抱在怀里，一边拍，一边安慰，过了很久，壮壮才睡着。妈妈把壮壮放在床上，刚盖好被子，壮壮翻了个身，缩成团，就像还在妈妈怀里的那个姿势。

　　隔几天，幼儿园老师告诉妈妈，壮壮很胆小，连过独木桥这样的课间活动都不敢尝试。妈妈告诉了爸爸，爸爸说："还是带孩子多去做做这样的运动吧！"从那之后，只要爸爸有时间都会带壮壮去公园

玩一些比较有难度的游乐项目。但是壮壮还是不敢一个人玩，像旋转木马这样的游乐项目，丝毫没有危险，壮壮都害怕，除非爸爸陪着坐，还要同坐在一个木马上。

又一天晚上，突然打雷，爸爸妈妈被吵醒，这时候听到了壮壮在他屋里哭。两个大人过去看到壮壮坐在床上，背靠着墙，捂着头呜呜地哭。妈妈赶紧开灯，把壮壮抱在了怀里。孩子哇一声大哭起来，还一个劲地说："妈妈，我看到怪物了，你怎么都不来陪我呢……"

很明显，壮壮是被吓着了。爸爸妈妈无计可施，只好去求助儿童心理医生。

专家聊天室：解析宝宝恐惧行为的心理原因

害怕和恐惧是人类最基本、最原始的情绪。宝宝刚出生时就有了恐惧心理，这主要是因为宝宝太幼小，缺少处理各种情境的经验，经常出现害怕的情绪反映。

关于恐惧心理，儿童心理学家布鲁诺·贝特尔海姆认为，儿童成长过程中不可避免有恐惧心理，儿童必须和恐惧接触，只有这样他们才能克服恐惧，从而慢慢长大。

很多家长都可能发现孩子有恐惧心理，3-6岁的孩子比较常见，3岁左右尤其明显。但家长们不理解孩子这种心理和行为，认为是孩子太胆小，会责备孩子不够坚强、大胆。家长应该了解宝宝恐惧心理是怎样产生的，然后正确帮助宝宝面对并克服恐惧。

1. 认知型心理 所发生的现象超出孩子的认知范围

恐惧的产生源于对这个事物或现象认知的不足或偏差。在孩子眼里，世界上有太多他们不知道的事物，对一些事物，他们会出现本能的害怕，比如太大的声响、雷电、黑暗等。因为不知道，家长又没有及时给孩子解释，让孩子凭自己的认知水平来认识事物，可能会出现偏差。加上大人有时候给孩子讲一些鬼故事，或者用诸如"再不睡觉，就让狼外婆抓去吃了"之类的话吓唬，而孩子的想象力很丰富，还无法像成人一样区分幻想与现实的不同，当他们看见某种自己无法解释的现象时，可能会联想到另一件可怕的事情上，并且确信自己的联想为真。

2. 记忆型心理 类似经历泛化孩子的恐惧心理

一朝被蛇咬，十年怕井绳，这句俗语在孩子身上也有体现。当孩子身体曾经承受过什么痛苦，或者精神上有过明显的负面情绪经验，或者目睹某些突发事件使他的心灵受到强烈的震动时候，孩子在碰到同一类，或者相似的事物或事情，其自我保护机制就会不断提醒他，这个东西不能碰，最好马上躲开它，畏惧感就会因此产生。如一个孩子曾被一只黑狗咬过，他下次看到黑狗时就会非常害怕，而且他还可能会由怕黑狗到怕所有的狗，继而怕所有的四足动物，这是心理泛化造成的。

3. 想象型心理 自主影像扩大孩子的恐惧心理

孩子在 3 岁左右，想象力得到一定发展，头脑中经常出现一些自造的形象，很容易分不清想象和现实，容易把想象出来的东西当成真

实性的存在，并跟自己的生活建立联系。孩子所面临的社会环境又很复杂，一方面大人讲的故事和电视媒体，会有一些怪异恐怖的事物诸如鬼、巫婆之类，而且电视上还会有诡异的音乐；另一方面，家长为了让孩子听话，经常用故事或电视里那些恐怖的事物来吓唬孩子。幼儿想象力水平低，想象内容贫乏，容易夸大，在听到或看到恐怖事物时，孩子常常在想象中加以夸大，因此会引起很大的惊恐，反复强化则易导致心理异常。

4. 庇护型心理 不良教养方式造就孩子的恐惧心理

过度保护是造成孩子心理脆弱的重要原因。幼儿的发展必须透过对周遭事物的探索、触摸、观察与互动，来获得成功、愉悦的经验，以建立起自己的自信心和对他人的信任。在宝宝自由探索的空间敏感期，家长过度保护宝宝，处处给孩子设限，动辄一惊一乍地呵斥孩子，让孩子觉得世界是不安全的，同时家长的焦虑也会感染孩子，让孩子做出负面模仿。而家长凡事包办代替，而缺乏接触新事物的机会，让宝宝依赖性很强，没有自信独自面对世界。家长不理解孩子的恐惧行为，总是批评孩子是"胆小鬼"。孩子还不能进行自我评价，就认同了家长的评价，从而不愿去尝试那些"胆大"的做法而维持"胆小"的状态。另外，不和睦的家庭让孩子觉得缺乏安全感，总有被遗弃的感觉，从而特别黏父母，若又看到父母厌烦的神情，被遗弃的感觉将进一步强化。

家长执行方案：帮助宝宝克服恐惧

恐惧心理是人类在紧张消极情绪下的一种正常的心理反应，消极情绪如果过于持久就会出现思想和行为方式上的并发症，成年人在消极恐惧的情绪反应下多会自己平复心理和生理上的异常变化，可心理生理都不成熟的孩子很难从这样的情绪中走出来，所以及时和舒缓孩子的恐惧心理，对孩子积极的情绪养成起着决定性作用。

那么在孩子被恐惧心理侵袭的情况下，我们该如何舒缓孩子的紧张情绪，让孩子及早地从恐惧梦魇中走出来呢？

制胜绝招一：正确认识并接受宝宝的恐惧

宝宝的恐惧在家长看来可能很可笑，抽水马桶、狗狗等在大人眼里司空见惯的东西，却让宝宝害怕。家长要明白，宝宝的恐惧是真实而严重的。不要嘲笑宝宝胆小，也不要自以为是地趁机教育孩子要勇敢之类，这时候宝宝需要的是安慰和支持，不是嘲笑和教导。家长明白了这一点，就要对孩子的恐惧产生共鸣，平静接受孩子的恐惧，并拥抱宝宝，告诉宝宝：无论遇到多么可怕的事情，爸爸妈妈都会陪伴着你。家长平静的态度，以及理解和陪伴，让孩子意识到恐惧是正常的，没什么可怕的，而自己并不孤单，从而有信心对抗恐惧。

制胜绝招二：耐心解释，帮助孩子认识事物

宝宝恐惧某个事物，是有认知偏差，家长可以用简单的方式给宝

宝讲解这是什么东西，是怎么回事。同时，可以让宝宝亲眼看到这个事物有什么作用，会有什么样的结果。比如，宝宝如果害怕雷电，家长可以给宝宝讲雷电是怎样发生的。宝宝害怕吸尘器把自己吸进去，家长可以给他演示，把吸尘器放在自己身上，放在椅子上，让宝宝确信吸尘器只能吸走尘土。如果宝宝怕狗，可以带宝宝走近狗身边，引导他摸摸狗。当然，必须是熟悉的狗。让宝宝有保护地逐步接触恐惧对象，逐渐消除恐惧心理，这在心理学上称为"示范脱敏法"。

制胜绝招三：做个勇敢的好榜样

父母对事物的态度，直接影响到宝宝。如果不想让孩子对某些事物恐惧，家长就不能让孩子看到你对事物的恐惧。比如，有的妈妈看到老鼠或蜘蛛就大喊大叫，被吓得一动不敢动。有的妈妈比较焦虑，尤其是在宝宝去医院时，很容易生气，脸上表情严肃又担忧。家长的这些恐惧心理就会传染给宝宝。父母不妨做好勇敢角色的示范作用，特别是在孩子第一次接触某事物的时候，父母应该表现出对某事物的正性情绪体验，对这个事物孩子就不会产生恐惧心理。

NO.4 只让妈妈抱——宝宝的自我防御

在抚养宝宝的时候，我们经常会遇到这样一种现象，妈妈长时间抱着宝宝太累了，让旁边的人帮忙抱一会儿，或者将宝宝放在床上，可宝宝刚离开妈妈的怀抱便号啕大哭，哭闹着只让妈妈抱，长久下来

让许多妈妈头疼不已。

10个月的蒙蒙一直由妈妈李琴在教养，在李琴的眼中蒙蒙一直是个乖宝宝，平时很少哭闹，也很少发脾气，唯一不足的是对妈妈较为依赖，晚上睡觉必须抱着才能睡着，只要将蒙蒙放在床上，他便会号啕大哭。

为了很好地照顾宝宝，宝宝出生后李琴便辞去工作，专职教养宝宝，家庭经济来源仅靠丈夫一份不算丰厚的工资。随着宝宝一天天长大，各项生活经济压力逐渐增大，李琴便想将蒙蒙托付给自己的母亲照料，自己和丈夫一起上班工作，这样一来可以缓解家庭经济压力，二来也可以给母亲带来慰藉，随后便将蒙蒙奶奶从老家接到自己工作的城市。

隔代教养，奶奶倒是十分的高兴，可蒙蒙自小由李琴教养，完全不让除了李梦之外的任何人抱，只要奶奶一抱，10个月的蒙蒙就号啕大哭，张开小手臂直要妈妈，甚至小手乱搭，乱发脾气。

看到这样的情况，李梦心疼不已，不得不放弃继续上班的念头，眼看着家庭经济情况越来越紧张，李梦可谓是心急如焚。

专家聊天室：解读宝宝依恋妈妈的心理情绪

宝宝过于依恋妈妈是一个普遍现象，2岁之前的孩子对妈妈的依恋行为是幼儿成长阶段重要的情商发展过程，幼儿的自我保护意识较强，对于陌生的外在因素存在着本能的排斥心理，而妈妈怀抱里熟悉的气味与心跳，能降低宝宝对陌生环境的恐惧心理。随着宝宝年龄的增长，宝宝逐渐开始分离对人的特殊友好关系，宝宝可以从接触到的人群中区分出自己亲近的人，排斥比较陌生的人，这就是我们所谓的

"认生"。

在婴儿的长成过程中，对其情绪养成起主导作用的是母亲，母亲是否能敏锐地读出潜藏在孩子言行举止背后的心理情绪，这对打开宝宝内心世界起着至关重要的作用，我们总的将幼儿过于依赖妈妈的心理情况分为以下几种类型。

1. 依恋性心理　亲子依恋是幼儿本身的心理特点

亲子依恋是幼儿在心理和生理上，亲近长期抚养者的一种自然倾向，亲子依恋的分水岭大概在三岁，三岁之后孩子便会逐渐习惯与依恋对象分离，并主动接受陌生因素。三岁之前，宝宝和亲近抚养者在一起时，多能接受周边陌生环境因素，对陌生因素反应也相对较为积极，若抚养者在自己的感官内消失，宝宝便会惊恐不安，肆意哭闹，立即寻找熟悉抚养者。良好的亲子依恋是一种积极的情感介质，他会克服婴幼儿对陌生因素的恐惧心理，增加婴幼儿的安全感，在一定程度上可以促进孩子的认知力。相反，如果抚养者在与不在，对宝宝情绪无任何影响，那便是未形成亲子依恋，这对孩子的健康成长是很不利的。

2. 反抗型心理　安全感缺乏不利于建立良好的亲子依恋

之前说到，当抚养者消失在孩子的视线里，孩子会有极度不安的心理表现。可是在有些特殊的情况下，当抚养者短暂离开，在孩子极度不安的情况下再次出现在宝宝的感官内，意图抱起宝宝的时候，宝宝又会出现挣扎反抗心理，甚至夹杂着些许愤怒，这个时候孩子的内

心世界其实是矛盾的，即使抚养者在宝宝的感官世界内，宝宝也会有焦虑恐惧的感觉，这就是缺乏安全感的直接表现，此时孩子的心理表现形式极度不安，教养者的态度和安抚方式是平息孩子情绪波动的有效武器。

3. 安全型心理 过于独立的孩子心里多孤僻

说到安全型心理，很多家长认为这样的孩子乖巧省事，殊不知，这样的心理会影响孩子正常的人格定向。有这样一类孩子，抚养者在不在自己的视线内，对自己毫无影响，抚养者要离开时，也无动于衷，没有任何焦躁不安的表现，抚养者走开一会儿再回来时，他也没有任何的情绪波动。三岁以下的孩子，对陌生环境都有一定的恐惧心理，他们会把教养者当做最安全、最信赖的人，如果教养者对孩子的情绪没有丝毫影响，那么孩子和你的关系已然疏远。

4. 防御型心理 拒绝陌生是孩子成长中必须经历的阶段

幼儿心理学里有这样一个词——陌生人焦虑，是指孩子对陌生人所表现出的恐惧心理。孩子在出生六个月记忆功能便开始形成，可以辨认出谁是自己的主要看护对象，对这个对象产生严重的依赖心理，对陌生的环境或者次要看护对象产生严重的排斥心理。美国心理学家哈里特雷因·戈尔德有这样一个观点，如果给婴儿一段适应时间并由他自己来控制是否接近陌生人，他就不会感到焦虑。只有当陌生人的接近破坏了这种控制时，他才会感到焦虑和害怕。孩子的理解能力以及保持控制的愿望的迅速增强，产生了一种不平衡，并使得他更容易

受到任何改变的影响，受到对陌生人及陌生环境的恐惧的影响。

家长执行方案：正确引导孩子走出自我思维圈

　　每一个小生命的长成，都会伴随着层出不穷的惊喜与问题，摸准孩子的心理情绪，正确引导孩子，就像乘风破浪的一叶扁舟，要有准确的方向，了解潜藏在孩子言行举止之后的内心情绪，我们才能更好地处理教养过程中所遇到的棘手问题。

　　孩子的情绪定型直接取决于教养者的引导方向和教育途径，教养者能否敏锐地对孩子的异常行为做出准确的判断，是否能认识到孩子在陌生环境下内心的恐惧，这都是影响孩子心理健康的主要因素。

　　那么，针对以上提出的几种典型的心理特征，家长们到底该如何预防和解决问题呢？

制胜绝招一：建立合理有度的亲子依恋行为

　　亲子依恋是幼儿心理发展成熟历程中的一种积极因素，依恋者出现会带给孩子足够的安全感，在孩子的世界里，父母不仅仅是孩子生理上的依靠，更是孩子心理上的港湾。一个以父母为教养核心的家庭，对孩子身心发展起到至关重要的作用，所以家长尽量不要长期地与孩子分隔两地，尽可能的多和孩子进行沟通。除此之外，教养者还需要多给孩子一些语言上的鼓励，肢体上的爱抚，如温暖的拥抱，深情的亲吻，这都是建立良好亲子依恋的方式。另外，家长应该适当的避免隔代抚养方式，老人大多对隔代人过于溺爱，且大多缺乏科学教育知识，在一定程度上不利于孩子的心理成长。

制胜绝招二：抚平孩子软弱的心理认知

两岁之前，是亲子依恋形成的关键期，这个时期的孩子很容易受到自身情绪波动的影响，所以教养者是否能及时读懂孩子异常行为背后的心理波动，对抚平孩子情绪起到至关重要的作用。对于反抗型心理严重的孩子，教养者应该积极地和孩子多接触，给孩子足够的安全感，在孩子没有适应离开父母之前，尽量多陪着宝宝，如果真的不得不离开的时候，要以宝宝能读懂的方式告诉他，自己只是暂时离开，并与孩子约定回来时间，在约定的时间内一定要准时回家，这在很大程度上可以积极地促进亲子依恋形成。

制胜绝招三：培养适度的依恋，培养孩子的自我信任

依恋是幼儿和抚养者之间不可或缺的连接因素，适当的依恋不仅可以让孩子感受到自身的存在感，更有助于孩子建立自信心和责任感。如果孩子从小没有依恋行为，那么孩子在长成后很难和别人沟通，严重影响到未来的生活。那么针对缺乏依恋的孩子，抚养者应该多和孩子沟通，和孩子适当地做些多人游戏，让孩子学会与人合作，摆脱孤独自闭的心理阴影，同时多亲吻抚摸孩子，让孩子感受到抚养者的温暖，这能使他心理产生良好的刺激，不仅有利于摆脱心理阴影，更有助于大脑良好的发展。

> 制胜绝招四：接受新事物，淡化孩子恐惧排斥心理

孩子排斥陌生事物的思想，来源于强烈的安全需要，随着年龄的增长，其思维会逐渐成熟。是否能辨别，且接收积极的外来陌生因素，这对于孩子独立性和自信心的培养起着至关重要的作用。家长在娇养孩子的过程中不可以暴力、恐吓的教育方式，使孩子失去安全感，从而杜绝接受一切陌生因素。针对于学龄前孩子排斥陌生因素，家长可以多带孩子出去走动，开阔视野，多接触陌生环境和陌生人，也可以经常邀请客人到家做客，让宝宝接触更多的陌生人以减轻恐惧心理。也可以适当地创造分离机会，家长与孩子适当地短暂分离，缩短相处时间，减轻孩子过分依赖主要看护对象的情况，这都有利于培养孩子的独立性和自信心。

NO.5　爱在地上滚——倔强的心理坚持

现在的孩子大多在溺爱满足中成长，当教养者的行为一时无法满足孩子需求，或是你的行动没有达到孩子的期望值，孩子们会以各种方法表达自己内心的不满，如肆意哭闹，甚至撒赖在地上打滚等行为，这让很多家长束手无策，所以很多家长最后都会以妥协的方式解决，但是这真的是最好的解决办法吗？

周末，张女士带着自己刚年满三周岁的孩子瑞瑞去超市购物，走到图书区的时候，瑞瑞一定要让妈妈给自己买童话书，可瑞瑞拿在手

里的童话书家里有一本一模一样的。

张女士便和瑞瑞协商说："我们买另外一本好不好，你在家里不是已经有这本童话书了吗？"

原以为瑞瑞会听自己的话放下那本书，可经过几番周旋，瑞瑞说什么都不放，一定要这本书，张女士于是有些气急，使劲拿下瑞瑞手里抱着的童话书放上书架，瑞瑞见妈妈不给他买，于是便躺在地上边哭边打滚。

瑞瑞这么一闹，周边瞬间多了很多围观的人，这让张女士很尴尬，不得已，只能买下那本和家里一模一样的童话书，瑞瑞这才满意的从地上起来。

晚上回家，瑞瑞的父亲不小心将茶叶桶放在白天在超市买的童话书上，瑞瑞直接把茶叶桶扔在地上，里面的茶叶撒了一地，见到此景，张女士严厉地将瑞瑞批评了几句，可想不到他又躺在地上打滚撒泼，任你和他怎么讲道理，甚至吓唬他，他都躺在地上不起来，在他的字典里似乎没有"犯错误"这三个字，更别说认错。

专家聊天室：解析宝宝爱在地上打滚的心理情绪

想必我们上面提出的问题，所有的家长都有类似的经历，遇到不顺心的事就在地上打滚的孩子并不少见，孩子为什么会出现如此极端的行为呢？作为教养者，你是否了解这异常举动背后的心理波动？

小孩不同于成年人，他们的语言还未成熟，所以会以各种方式表达，那么怎么样和小孩进行更好的沟通显得尤为重要，下面我们就针对小孩是因为什么打滚，做具体的心理分析，以求找到最好的解决办法。

1. 欲望型心理　用打滚的行为来达到自己的需求

　　孩子单纯地想要得到某些东西，但被大人拒绝之后，为了表达他们强硬的态度，以及达到期望目的，于是便会用异常的行为来表述自己的意愿。就如张女士的孩子瑞瑞，在超市看上了自己喜欢的图书，虽然家里有，可瑞瑞躺在地上哭闹打滚，这时候家长考虑到各方面的因素都会妥协，购买书籍或做出其他的承诺，来解决小孩在地上打滚的事情。如果一次成功，孩子就会认为这是最好的索求方式，久而久之，孩子便会习惯性的在家长们不能满足自己想法的时候选择在地上打滚，这就成为了他们索取的一种手段。

2. 表现型心理　异常行为只为引起别人的注意

　　这样的孩子相对来说性格比较内向，他们很想融入到他所处的环境中，但却不知道如何在人群中展现自己，为了引起人们对自己的关注，他们多会选择在地上打滚，或者一些别的异常方式，这也就是我们平常说的典型"人来疯"行为。孩子有这样的行为，多是大人在做某件事的时候会较长时间的冷落孩子，孩子们就会感觉到被忽视，在语言表达能力有限的情况下，为了完整的表达自己的想法和要求，所以会做出一些"出格"的动作，以引起大人们的注意；或者是由于某种原因受到别人的漠视，之后寻求机会表现自我，以引起人们对自己的重视。

3. 反抗型心理 异常举动是孩子表达意愿的方式

不管是学龄前儿童，还是成年人，他们都会选择思维，比较思维，根据自身情况权衡利弊，做出自己心理期望的选择，但是孩子的思维多不成熟，考虑问题的角度与教养者有很大的出入，如此便会造成孩子喜欢做的事大人不赞成，大人要求孩子做的事孩子不愿意去做。长久以往，就会激起了孩子们的反抗行为，其表现形式无非是哭闹，或是在地上打滚等异常行为。想想我们上幼儿园的时候，每天早上父母都会叫着起床，但我们总是在床上滚来滚去的，甚至装病，其目的就是不愿起床，这就是用打滚的方式来表达自己意愿的一种方式。

4. 坚持型心理 打滚是孩子心理坚持的表现

随着孩子年龄的增长，反抗心理和自尊心也随之增长，这一时期的孩子基本上都有自己的主张，并希望按照自己的思维做事，对于家长的某些观点或者话语开始通过自身行为反抗，抵制自己思维之外的因素。当然，孩子也不是毫无理由的对抗，当孩子自己的思想和家长的教导方式出现差异，或者孩子某些的行为或想法得到家长的制止，可孩子心理仍旧坚持不下。此刻，在地上打滚等特殊行为就成了孩子心理坚持的反抗形式，在孩子看来，自己特殊的行为只为将自己的心理坚持传达给家长，并渴望家长能认可自己。

家长执行方案：如何解决孩子爱在地上打滚的教育难题

孩子心理坚持所表现出的反抗行为是一种正常行为表现，是孩子心理成长和自我发展的必经阶段，家长们应该正常看待这一现象。

如果遇到孩子有特殊的行为，首先看他的内心有何正常需求，或是想表达些什么，只有读懂孩子特殊行为背后的心理活动，才能找准突破口，缓解和孩子之间的矛盾，在解决问题的同时，提高孩子各方面的能力。

制胜绝招一：学会拒绝孩子不正当的需求

孩子为达目的，在地上打滚哭闹，这是每个家长都遇到过的教养难题，从心理学的角度来说，遇到这样的问题，家长如果要拒绝孩子提出的要求，首先要和孩子讲明自己决绝的理由，让孩子有一个接受的过程。如果孩子对家长的要求置之不理，甚至在地上打滚企图迫使家长同意时，教养者尽量不要打骂孩子，打骂只会让孩子的反抗心理深化，在孩子没有主动放弃打滚哭闹行为之前，也不要用好的言语安慰、逗哄孩子，这样只会让他更肆无忌惮。教养者可以暂时不要理睬他，随着他闹，如果孩子觉得自己的行为没有意义的时候自己就会安静下来，往复几次之后，孩子会发现自己这一招已没有效果，随之反抗行为逐渐淡化，直至消失。

制胜绝招二：谢绝要挟，给孩子足够的表现舞台

我们之前说过，有的孩子平时在家很乖巧，可一旦家里有客人来的时候，便会借机提出一些无端要求，甚至啼哭打闹，家长碍于情面，多会满足孩子。更有甚者，在有亲戚或外人在的情况下，孩子无理由地哭闹，以引人瞩目。针对以上这样的情况来说，家长第一次的纵容，造就孩子喜欢在人前要挟家长的情绪模式，所以遇到孩子在生人面前要挟你的时候，果断拒绝其过分要求，不要让孩子有思想错觉。另外，家长应该多给孩子表现的机会，如让孩子自己穿衣服、系鞋带，选择自己习惯的水果，自己吃饭等，家长对孩子的劳动成果多肯定，这样一来可以满足孩子的表现欲望，二来也可以培养孩子的动手能力和创造能力。

制胜绝招三：冷静对待孩子的心理反抗

反抗行为是孩子成长的必经阶段，一岁左右的孩子语言功能和思维发育都没有完善，孩子多不能理解家长的语言或行为所要表达的意思，没有足够的词汇和表情来表达自己情绪，在家长看来孩子是在和自己对着干。然而事实并非如此，遇到这样的问题，家长应该学会舒缓孩子的紧张情绪，让孩子多适应周边环境，预防心理反抗加剧，特别是在孩子情绪低落，或者是生病的时候，家长应多和孩子沟通，多理解孩子，多些宽容，这都是缓和孩子心理反抗的良药。

反抗心理和自尊心强是心理坚持的直接表现，教养者和孩子之间出现对抗，有的孩子就算认识到自己的错误或是不足也不会妥协。两

岁左右的孩子已经开始自主的思考问题，这是独立思想的萌芽，孩子的自主思想和家长的灌输思想始终存在误差，所以家长在决定一件事情之前应该先和孩子进行沟通，多听取孩子的意见，遇到问题协商解决，教孩子多考虑他人的感受，这样就可以有效的缓解双方的对峙状态。如果已经出现问题，家长可以先行稳定孩子的情绪，之后找些他喜欢的玩具、零食，或者和孩子做他喜欢的游戏，及时转移孩子的注意力。

第二章

读懂孩子的行为意识

随着孩子年龄的增长，左脑逻辑性思维开始发展，语言表达能力和行为意识都有所增强，其创造能力、想象能力、认知能力都不断增加。

作为抚养者，要以何种思维去读懂孩子的行为意识，这对孩子是否能健康成长起到至关重要的作用。

NO.1　不愿分享——独占心理的集中反映

现在很多宝宝都有着强烈的占有欲，还表现出自私的行为，如不让小朋友玩自己的玩具，不愿别人吃自己的东西等，尤其是2到3岁的宝宝。一旦父母要求宝宝跟别的小朋友分享自己拥有的东西，就会遭到极力反抗，以维护自己占有的权利。

宝宝的自私独占行为，很多时候令父母很尴尬，也会引起别人的不快，同时也影响着宝宝的成长。宝宝自私独占心理是天生的吗？家长们了解这里面的原因吗？

两岁半的虫虫很让妈妈头疼。不知道从哪天开始，他变得自私霸道，自己的东西不让别人碰，好吃的东西都要藏起来，除了妈妈，他不愿意给任何人吃。

一天，邻居三岁的妞妞来家里玩。看到虫虫的玩具，妞妞很好奇，顺手拿起玩具要玩。虫虫一看到，立即跑来抢走了。妞妞又拿起另外一件玩具，虫虫又给抢走了。妞妞"哇"一下大哭起来。

还有一次，妞妞来家里玩，正好虫虫坐在自己专用的餐椅上吃饭。虫虫吃完后，妈妈把他抱去洗手。从洗手间出来时，虫虫看到妞妞坐

在自己的餐椅上，顿时哭闹起来："这是我的！这是我的！"

爸爸给虫虫买了一个电动小汽车，小汽车非常漂亮，启动时发出的音乐也很好听，是虫虫最喜欢的玩具了。由于家里空间小，玩不转，爸爸就带虫虫到小区公园里玩。虫虫坐在小汽车里可神气了。跟虫虫玩得好的小朋友看到后都非常羡慕，很想坐在里面试一试。爸爸就说："虫虫，让良子也坐一会儿好不好？""不，这是我的！"虫虫坚决拒绝，不允许别人碰自己的小汽车。

专家聊天室：宝宝独占自私心理解析

随着活动能力增强、自我意识发展的水平提高，宝宝在 1 到 3 岁之间很容易表现强烈的独占心理。1 岁前的孩子，基本上意识不到什么是"我"的，占有欲表现不会很强烈；3 岁后的孩子，自我意识已有一定发展，能清楚地区分主体和客体的关系，占有欲逐渐减弱。

1 到 3 岁的孩子，在主观上产生了"你""我"的区别，并能逐步从客观的角度看待自己。他们自我意识的首要表现就是认为所有东西都是自己的。

1. 局限型心理 只有自我不懂得顾及他人

1 到 3 岁的宝宝，自我意识处在发展最初阶段，心理活动很单纯，都是围绕着自我出发，任何要求，任何行为，都是满足自己的生理和安全等需要出发的。至于别人对此有什么想法，会不会跟自己有不同的看法，这些都不是他们所能理解的。另外，宝宝缺乏日常生活经验，他们认为把食物给别人，那么食物就会被吃掉，而玩具也是一样。他

们还不能做到完全平等、自愿地、非功利性与人共享资源，在分配东西时，他们往往拿自己以为最大最好的一份。这种心理发展局限，让宝宝的行为看起来很自私很霸道。

2. 宠溺型心理 独生子女的中心位置

现代社会的家庭结构导致独生子女是家庭的中心，由于是唯一的，所以集宠爱于一身。好吃的是宝宝一个人享用，好玩的也是宝宝一个人玩耍。加上生活条件比较好，家长尽其所能地满足宝宝的要求，对宝宝百依百顺。这样的待遇让宝宝认为自己就是家庭的核心，一切都要以他的情绪变化和要求为中心，如果达不到要求，动辄耍脾气。

家长的让步，也是幼儿产生利己主义的一个根源。宝宝提出的要求若过分，家长开始不答应，宝宝就不依不饶， 大哭大闹，家长经不住宝宝闹腾，就做出了让步，满足了宝宝的要求。所以助长了宝宝的霸道、自私，养成了宝宝自私独占的行为习惯。这种宝宝凡事以自我为中心，只知道自己有需要，不知道别人也有需要，结果只顾自己不顾别人。

3. 模仿型心理 大人教唆及伪分享的严重影响

宝宝自私独占心理产生，一方面跟自身自我意识发展有关，另一方面受大人的影响也很大。宝宝不是天生就自私，很多自私行为都来自于模仿，家长不恰当的教养方式也是其中的原因。有的家庭成员自私自利，爱贪图小便宜，一家人相处时斤斤计较，过于"小气"。有的父母为了让孩子爱惜玩具，叮嘱孩子不要让别人玩，别人会弄坏的。

有的家庭比较强调秩序，严格区分家人的私用物品，严格区分孩子的日用品，不允许别人使用。同时，有的大人对孩子提出分享要求，孩子若答应，大人就不分享了，说"是逗你的"，让孩子觉得分享只是个游戏而已，但其实这是伪分享，孩子很容易跟其他人演示；孩子若不答应，大人就装作要抢，以后更害怕与人分享。

家长执行方案：克服宝宝独占心理

宝宝在 3 岁左右出现占有欲是一种正常的心理表现。随着年龄的增长，通过教育，"以我为中心"的意识逐渐淡薄，这种"占有欲"会逐渐地减少或消失。家长切不可大惊小怪，给宝宝贴上"自私"、"霸道"的标签。

但在宝宝独占欲强烈的阶段内，需要家长的正确教育与引导，引导不当会让宝宝发展成自私霸道的性格，长大后很可能还会遭受更多的冷遇和挫折，严重的可能还会对其心理造成不良的影响。

制胜绝招一：重视分享教育培养谦让意识

3 岁以下的宝宝物权和所有权意识有局限，在分享之前最好让宝宝有足够的时间欣赏、玩弄自己的玩具，维护孩子的所有权意识，物权和所有权作为孩子自我意识的一个部分，是通向分享的必经之路。让宝宝学会分享，教育很关键。可以在家对有借有还进行模拟练习，让宝宝明白借的含义是自己的东西暂时开自己一会儿，过一会儿还会回来的，自己没有什么损失。可以与孩子多做一些需要分享合作才能完成的游戏，孩子体验到分享的快乐就乐意分享。分享教育一定要体

现公平，让宝宝放心地、乐意地去分享，而不是软硬兼施、连哄带骗的方法。不仅要让宝宝跟家庭成员分享，还要学会与其他人分享。不过，宝宝心理发展有一个从不成熟到逐渐成熟的过程，很可能出现不成熟的"伪分享"。

让宝宝学会分享之前要懂得谦让，先给宝宝讲明为什么要谦让，对什么样的事要谦让，然后通过游戏、行动等来创造条件，帮助宝宝学会谦让。谦让意识让宝宝懂得大家生活在一起，他需要的别人同样也需要，同样有享受的权力，不能一人独占，要想着别人。

制胜绝招二：良好的行为习惯来自于正确的家庭教育

学龄前宝宝大部分时间待在家里，与父母家人在一起，他们受家庭的影响最大。要知道宝宝的模仿能力超乎寻常，他们在积极的环境中学会积极的行为，在消极的环境中自然学会了消极的行为。在一个和谐、友爱、互相尊重的家庭氛围中成长的宝宝，一定不会是一个拒绝分享、自私独占的宝宝。家庭是一个集体，家庭成员之间应互敬互爱，尊重长辈，爱戴老人，物质上要懂得谦让长辈，说话做事要懂得尊重长辈。不仅是家庭成员之间如此，对周围邻居也要嘘寒问暖。家长带孩子出门，对陌生人也要讲礼貌。这样的氛围，会感染宝宝，影响宝宝，帮助宝宝消除自私心理，从小懂得关爱他人，把自认为好的东西分享给他人。另外，家长训练孩子把他自己的东西给家长分享时，可不要推辞或假装吃。

制胜绝招三：欲望满足的同时学会履行义务

家庭溺爱导致孩子以自我为中心，觉得自己享受、满足欲望是理所当然的。欲望是滋生自私的根由。将宝宝置于只有享受权利而不履行义务的特殊地位，膨胀了孩子的欲望。家长要让他们知道想要得到就应该付出，欲望满足和履行义务是相辅相成的。在满足孩子欲望的同时，要让他付出相应的劳动。如有好吃的，不是独自一个享用，而是主动与他人分享；在家务上，则常常想到自己应该帮父母干点什么。只有让孩子学会履行义务，他们就会想到别人。

NO.2　孩子好动——特殊的探索方式

家长最头疼的就是宝宝的捣蛋，8个月学爬的宝宝会移动身体，顺手拿起的东西都要放进嘴巴里尝一尝，比如硬币、扣子等。1到2岁的宝宝随处跑，对洞洞特别感兴趣，比如喜欢把手伸进插孔里，藏在角落里跟大人捉迷藏等。2到3岁的宝宝更厉害，在高处爬上爬下，破坏任何在他手里的东西。

冒险让大人头疼不已，稍不注意宝宝就会受伤。宝宝冒险心理到底是怎样产生的呢？了解了原因，家长或许就不会这么头疼了。

金女士想不通，自己不到五岁的女儿小君怎么跟个男孩子一样，似乎不知道害怕。八个月打预防针，看到医生手里的针头竟然用手去摸。现在快五岁了，这期间不知道做过多少让金女士头疼的事情，把

扣子在嘴里嚼，提开水瓶差点被烫，搬凳子爬上阳台差点掉下楼……想想都让人后怕。

夏天到了，金女士打算把小君带到母亲老家去玩一段时间。母亲老家在农村，当时正值伏天，农村很凉爽，小君非常喜欢在那里玩。她每天跟着村里比她大好几岁的孩子去小溪里摸鱼，抓螃蟹。仅仅三天，这孩子就被晒黑了。幸好有十二岁的堂姐照看，金女士也不担心小君会有什么危险。

第四天的中午，太阳很热，金女士去找小君回来午睡。在小树林里她看到了女儿，正兴致勃勃地看着别的孩子爬树，那眼神充满了崇拜和向往。金女士连忙过去，一边拉着小君就走，一边警告她："爬树太危险了，你可不能学！""不，洋洋他们都不怕，我也不怕！""不行，你年龄小！"金女士大声斥责。小君哇一下大哭："妈妈是法西斯！"

回到家里，小君想，妈妈不让爬，那我就在她看不到的地方偷偷地爬。有了这个想法，小君暂时不难过了，乖乖地睡下了。

隔天一大早，金女士发现小君不见了，想到爬树的危险，金女士吓得赶紧去找。果然在小树林另一边看到了女儿。那小小的身子正抱着一棵树，一点点上移，脚已离地半米了！"小君在干什么？！"金女士大喊。听到喊声，小君吓坏了，一不留神松手了，掉在地上，顿时大哭。金女士连忙跑过去，小君的脚已经扭伤了。

专家聊天室：宝宝冒险心理解析

随着宝宝自主意识不断增强，渴望着能独立活动，冒险心理慢慢萌芽。冒险型宝宝总是处于一种兴奋的情绪状态，习惯性地动手去摸摸东西，用脚去踢踢周围的物品。他们很固执，从来按照自己的想法

去行动，不考虑后果，也记不住以前得到的教训。冒险型宝宝逆反心理比较强，喜欢做家长禁止做的事情。所以冒险性格的宝宝总是在搞破坏，做让大人提心吊胆的事。

英国一所贵族男校伊顿公学是世界最著名的中学，该校一位校长曾说："不让孩子们冒险，将来就有更大的冒险。"所以这个中学让男孩子们酣畅淋漓地进行各种户外活动，包括足球、橄榄球、田野游戏赛、击剑、越野跑、网球、游泳、划船等。

其实冒险是一种可贵的品质，是好奇心的驱使，让宝宝去探索、去研究，从实践中体验并积累经验。冒险是孩子的天性，只要善于引导，就能帮助孩子创造更有意义的人生。

1. 探索型心理 好奇心驱使冒险精神萌芽

孩子来到这个世界上，对自己及周围的环境是不了解的，他们只有通过各种活动，不断积累各种成功或失败的体验，才能对自己的能力有所认识。随着语言表达能力及动作行为能力的发展，和生活经验的积累，宝宝对周围事物的好奇心愈加强烈。宝宝开始主动尝试探究事物的因果关系，并通过这种探索活动获得更多的生活常识，他开始到处走、到处摸，模仿大人的各种行动。而冒险精神的精髓是探索未知世界，发现新事物。宝宝的探索心理，让他们无法停止自己的大脑去思考事情，停止自己的双手去乱动，也停止不了自己的腿到处跑。

2. 模仿型心理 跟别人一样做了不起的事

宝宝对世界的认知方式很大部分是观察，通过观察别人的行为，

观察电视里的情节，他们进行模仿，希望自己也能像大人一样，像电视里的人一样，拥有处理事情的能力。比如模仿动画片里的超人，超人能从天而降，会在空中飞来飞去，他们也想跟超人一样，可以从高处跳下去，于是找个椅子爬到阳台上，将身子探出窗外。他们这样模仿就是想知道自己是否能跟超人一样从空中落下去还毫发无伤。

3．自主型心理 自己做事自己探索

心理学家艾瑞克森认为，一到三岁是人格发展成"活泼自动"或"羞愧怀疑"的关键。他们开始学着自己走路，自己吃饭，自己穿衣，自己大小便等。如果他们自己无法独自做到，就感觉到羞愧。但是突然学会了这些行为能力，他们的探索疆界更为广大，对独立自主追求更高，于是可能出现一些危险动作：坚持自己过马路、自己喝热汤、拿剪刀剪纸等，他们并不像成人那样对这些事感到危险。自己做事，就是宝宝在告诉大人：我不是什么都不会的小孩子了，我有自己的思想，可以自己完成一些事情了。

家长执行方案：应对冒险型宝宝

父母对宝宝的呵护是一种天性，对于宝宝的冒险行为总是提心吊胆，严厉地加以阻止，却不知这样的保护行为对宝宝的成长产生了一定的阻碍。过多地限制宝宝冒险行为，不仅束缚了宝宝良好个性的发展，而且也限制了宝宝认知世界的视野。因此，家长应该在安全范围内满足孩子的好奇心，小心看护，既要保护他的求知欲，又不能让宝宝在"探险"中受伤。

制胜绝招一：在安全范围内鼓励冒险

冒险精神和勇气是孪生兄弟，适度地培育宝宝的冒险精神，可以培养宝宝的勇气，塑造他的创新思维，增强宝宝独立解决问题的能力。家长不要对宝宝的冒险行为大惊小怪，极力阻止，从而使他形成胆小怕事，处处退却的性格，并且失去对环境积极探索的可贵精神和兴趣。家长应该鼓励宝宝去冒险，当然冒险可能伴随着危险，家长可以为宝宝创造一个安全的环境，让宝宝大胆去冒险。可以教宝宝熟悉家里的物品，把危险物品放起来，把还以可以触摸的东西拿出来，给他无障碍的探索环境；可以在插座上安个保护装置，防止宝宝用手戳洞洞；在安全空间内堆一个不高不低的土堆，供宝宝攀登，或准备一个滑梯，让宝宝滑坐；等等。宝宝在玩耍时，家长要宝宝大胆尝试，宝宝达到目标时要给予表扬。当然，培养冒险精神，前提是宝宝必须遵守安全纪律和公共秩序。

制胜绝招二：随时灌输安全常识

家长的严厉制止并不能达到目的，反而激起孩子更大的好奇心，最好鼓励宝宝去冒险，经常灌输安全常识，提高宝宝的安全意识。比如，让宝宝不能动开水瓶，可以把一杯冰水和一杯热水放桌子上，让宝宝去摸，知道什么是烫，告诉他被烫了之后会有什么严重后果；让宝宝不要随便跑到马路中间，可以在带宝宝出门时告诉他什么是斑马线，怎么认识交通信号灯；不让他用棍子敲玻璃，告诉他玻璃是易碎品，可以找废玻璃演示给他看……要宝宝牢记一些电话：如报警电话

110，消防电话 119，医疗急救电话 120，查询电话 114 等。宝宝掌握了这些安全常识，对危险的东西就没那么大好奇心了，也教会了宝宝保护自己。

制胜绝招三：设定规则，绝不心软

鼓励宝宝冒险，但不能让他什么事都做，一定要设定规则，该约束的一定要约束。例如对一些摆设类的物品，只能观赏而不能拿来做玩具，家长一定要跟宝宝讲清楚，这个规则是没有任何交换或协商条件的。不管宝宝怎样要求耍赖，家长都不能心软。慢慢的，宝宝明白这个规则确实不能打破，也就放弃了。还比如，不能让宝宝到公园里某个危险的器具去，如果宝宝打破规则，一定要让他受到惩罚，罚他一段时间不能去公园。对于孩子作出的不可接受的行为，决不能有一丝一毫的容忍，这需要家长把关，哪些行为是绝对不可以发生的，并提前告知宝宝。

制胜绝招四：转移兴趣，设定规则

宝宝冒险大部分是兴趣使然，在做某件危险事情时，如果家长劝说不听，可以用其他事情来吸引宝宝，转移宝宝的兴趣；或者帮助他完成，满足他好奇心之后，他就不再对这件事感兴趣了。比如，宝宝对爬高充满兴趣，他会搬来小凳子，自己够东西，家长可以拿其他更好玩的东西给他；宝宝对微波炉感兴趣，他喜欢摸按键，家长可以教他怎么启动，然后家长监护他玩，按个十次八次的，他的兴趣就转移了。

制胜绝招五：净化冒险环境，减少暴力刺激

在暴力环境下长大的孩子，往往比较冲动冒险。宝宝对别人的行为、电视情节有很大好奇心，总想模仿一下，自己亲自试一试。而大人行为和电视情节中免不了有暴力，宝宝很容易模仿。因此家长应该为宝宝营造安静平和的家庭气氛，减少或杜绝一些暴力刺激的来源，宝宝就没有了暴力模仿对象。对于电视情节，家长应该限制宝宝看有暴力情节的动画片。如果不小心让宝宝看到了，家长应该向正面方向引导，让宝宝忽视暴力，重视人物的勇敢。

NO.3　爱用牙齿咬——表达情绪的简单方式

一些父母经常发现自己的宝宝咬人，以为是宝宝的坏习惯。有的宝宝还在母亲哺乳期间，动不动就咬妈妈，妈妈越是反抗，孩子越是咬得紧。更有甚者宝宝跟大人，或跟其他宝宝玩耍时，会突然咬对方。

父母对此感到疑惑，用发脾气、哄、责备、处罚等方式来引导宝宝改过来，但效果并不好，这样的事情还是一再发生。

吴女士的宝宝一岁的时候，一个亲戚带半岁的小宝宝来家里玩，吴女士亲昵地抱起了亲戚的小宝宝，自己的宝宝立刻表现出不情愿的样子。吴女士把小宝宝抱到自己宝宝跟前，希望两个宝宝一起玩耍一下。谁知道自己的宝宝竟然逮住亲戚家宝宝的胳膊就咬。从那之后，宝宝不仅咬奶嘴，咬玩具，还咬妈妈的胳膊和脸。

又有一次，隔壁家刚上幼儿园的小男孩来家里玩耍，他们一起玩宝宝的玩具。临走时，小男孩对宝宝的汽车玩具恋恋不舍，拿在手里不肯放手。吴女士的宝宝忽然就咬了小男孩的手指头，而且接着还去咬小男孩的胳膊。

宝宝3岁时，吴女士送他去幼儿园。没过几天，吴女士去接宝宝时发现宝宝胳膊上有牙印。吴女士问宝宝怎么回事，宝宝表达能力毕竟有限，半天也没说出原因和经过。吴女士想着或许是和其他小朋友玩耍发生争执了吧，也就没太在意。第二天下午，幼儿园打来电话说吴女士的宝宝一天之中咬了四个小朋友的胳膊。吴女士吓坏了，虽然宝宝以前咬人，但这次怎么这么厉害呢？她不知道怎么教育才好。

专家聊天室：解析宝宝咬人的真相

其实，每个人都会遇到生气、伤心、沮丧，或者失望的时候，也会相应地出现一些表现形式，比如尖叫，在地上打滚，哭，扔东西，骂人等等。这些都是发泄的方式，是不健康的情绪表达方式。大人一般通过自我控制能力来管理情绪，而宝宝不一定具有这样的隐忍控制力。

心理学家认为，咬人（或物）和吸吮一样是人类最原始的本能。人的下意识中隐藏着咬人的本能，如成年人在激动时会咬嘴唇、指甲，在思考时会要铅笔，等等。排除宝宝长牙期间因牙床不舒服引起的乱咬，宝宝咬人是表达不满情绪的一种方式，并非恶意攻击。只不过他年龄小，辨别不了自己行为的好坏。

1. 求助型心理　牙床痒痒促使发出求助信号

美国圣地亚哥市儿童医院的心理学家奥本·史达姆博士认为："这个年龄的宝宝咬人并无恶意。"宝宝长牙时期，牙龈粘膜受到刺激，宝宝会感觉到牙床痒痒，就想咬东西来减轻这种不适感。在这种需求没有得到满足时，宝宝会乱咬一通。发脾气的时候，有的宝宝会咬自己的手指和脚趾，这就是宝宝感觉不舒服，向父母发出的求救信号。

2. 认识型心理　口腔敏感期的必经阶段

处在口腔敏感期的宝宝，总是用口和牙齿来认识身边的人和事物。他们咬自己的手和脚，咬玩具，都是在认识事物。面对任何新鲜的事物，他们都会放进嘴边咬一下。其实在0到2岁半之间这个阶段，宝宝的大部分注意力都在口上。通过牙咬，他们知道了软和硬，分辨出哪些能吃哪些不能吃。

3. 交往型心理　适当的交往心理不当的交往行为

宝宝语言贫乏所致。幼龄宝宝渐渐学会一些基本技能，随着活动能力的增强和活动范围的扩大，他们需要更广的人际交往，但是语言发育尚不够完善，不能准确表达自己的需要，当需求得不到满足时，情绪焦急就产生了无故咬人。　他们咬人时，可能就是在表达自己的兴奋和激动。有的宝宝跟妈妈玩着玩着，就突然在妈妈身上咬一口，很显然，这是宝宝在玩得高兴时，表示对妈妈的亲昵和喜欢。这个时

期的宝宝，无法用语言准确表达自己的需要，大人又不能完全明白，宝宝想说却说不清楚，情急之下，就发生咬人现象。

4. 发泄型心理 安全感缺乏和占有欲得不到满足

宝宝渐渐长大，一岁到两岁多就表现出强烈的自我中心，当他的心理感到不满时，就要通过咬人来发泄出来。比如上述事例中吴女士的宝宝，看到妈妈抱别人的宝宝感到心理不平衡，占有心理让他仇视妈妈抱着的小宝宝，所以要通过咬人来发泄出自己的不满情绪。还有的宝宝看到父母出门不带自己，心里不舒服，等父母回来会咬父母来发泄自己的不满。

5. 模仿型心理 好奇心的驱使出现模仿敏感期

宝宝好奇心很强，遇到很多他们没有见过的行为，都会去模仿。尤其是模仿其他小朋友，他们学得非常快。当他们看到其他小朋友咬人，觉得新奇，于是自己也会尝试着去咬人。所以，上述事例中三岁的宝宝被咬之后又去咬其他小朋友，并非是恶意报复，只是在模仿。当然，宝宝也会模仿大人的行为。大人看到宝宝圆嘟嘟的身体，因为喜爱，会忍不住轻轻咬一口，宝宝会觉得原来这样做是表达喜欢啊，于是在以后对别人表示热情和喜欢的时候，他就会学着大人的行为咬人。

家长执行方案：解决宝宝咬人难题

宝宝发生咬人事件后也不要过于担忧而去责怪孩子，应该认识到宝宝咬人大多是属于婴幼儿生理和心理发展上的阶段性问题，还不属于攻击性行为。家长必须要耐心对待，帮助宝宝分析原因，然后采取认真的教育，以免向不良的行为习惯转化。如果宝宝情绪稳定，应该带他向被咬的人道歉，让他意识到自己伤害了别人，创造这样一个直观的教育氛围。

制胜绝招之一：家长应重视宝宝生理需求

宝宝咬人阶段，父母不能忽视宝宝对味觉和触觉的发展需要。可以给宝宝一些可以满足咬的需要的替代品。比如毛巾之类的软物，磨牙胶等，让他磨磨牙齿。还可以给出牙期的宝宝吃磨牙饼干、苹果等食物，来缓解孩子们的这一特殊时期的特殊需要。在饮食上，不能光给喝奶，可以把一些纤维较丰富的新鲜蔬菜及水果，如白菜、菠菜、苹果、雪梨等，切成丝或细粒状，给宝宝更多的咀嚼机会。平时缓解了宝宝在特殊时期的特殊需要，咬人行为就会减少。

制胜绝招之二：正确引导促使宝宝学会交流

在宝宝的世界里，他并不明白咬人不是表达喜欢的一种方式。语言贫乏，致使他无法正确向亲近的人表达自己的喜欢，只用咬这种自认为表示亲昵的方式来进行交往。父母要做的就是引导宝宝建立是非

观念，在他咬妈妈或其他同伴之后，让他咬一下自己的手指头，感同身受地告诉他，这样做是伤害别人的方式，而不是表示喜欢。同时，要引导宝宝用语言、手势、拥抱表达情感，帮助宝宝学会与他人交流。父母要善于观察自己的宝宝，了解宝宝真正的需求是什么，帮助宝宝学习正确的与人交流的方式。

当然，更重要的要宝宝学会用语言交流。当宝宝因为心理不满而咬人时，要让宝宝明白，当他生气和不安时，有比咬人更好的表达方式，那就是语言。平时要用语言来引导宝宝，让他说出简单的表示友好和不舒服的语言，并且可以和宝宝一起进行演示，这样宝宝就学会了用语言和别人交流，而不是用嘴和牙齿去和别人交流。

制胜绝招之三：用正确的行为疗法转移注意力

宝宝咬人，并非恶意攻击行为，父母对此应该正确引导，使用正确的行为疗法，淡化其啃、咬等行为，用新的兴奋点转移孩子的注意力。宝宝在发现新的兴奋点后，很容易将注意力转移到其他事物上，从而停止啃、咬行为。而严厉指责不仅不会让宝宝停止，还会强化啃、咬这样的错误行为。

安静的游戏，或者充足的睡眠，是转移宝宝注意力的有效方式。因为宝宝咬人很大可能是强度刺激引起的。一个拥有安静的睡眠，并且睡眠充足的宝宝一般较少用牙齿咬人。睡眠充足，玩安静的游戏，都能平复宝宝的情绪。如果他们有不满情绪，不至于采取极端的咬人行为来发泄。父母要观察宝宝，一旦宝宝表现出不满情绪时，就用安静的游戏进行转移，这样一来，他们可以尽快忘记刚才的不愉快。对稍大一点的学龄前宝宝，父母可以议宝宝用不伤害别人的办法来转移

负面情绪，如拍打枕头，撕报纸等。

制胜绝招之四：用正确的方式帮宝宝建立安全感

　　缺乏安全感的宝宝，对性格发展有不利的影响。他们会逐渐变得胆小、自卑、懦弱，喜欢缩在角落里，不愿意与人交往。安全感从婴幼儿时期就要培养建立，有了安全感，在成长之中宝宝会学会自信、勇敢。

　　宝宝自从脱离母体，以独立的个体面对这个世界后，最留恋的就是母亲的怀抱。但是很多父母为了培养宝宝的独立性，在婴儿时期就对宝宝进行独立训练，宝宝哭的时候置之不理，因工作经常不在宝宝身边，经常换人来看护宝宝，等等。这些行为导致宝宝缺乏安全感，在熟悉的环境里还好，一旦到了陌生的环境和陌生的人面前，宝宝就会感到恐惧。这个时候，咬人成为他保护自己，战胜恐惧的唯一方式。

　　为了帮助宝宝建立安全感，父母需要更多耐心和爱心。宝宝渴望被关注，被爱护，渴望在关爱的眼光里成长。父母应该多在宝宝身边，在宝宝哭闹着需要拥抱时，及时拥抱他，照顾他，用行动表示自己是爱他的。等宝宝稍大一些时，面对一些没有见过的事物感到害怕，父母不能笑话宝宝的胆小，更不能惩罚他，而要与宝宝面对面交谈，告诉他："不要怕，妈妈（爸爸）永远在你身边。"

制胜绝招之五：重视坏榜样的负面影响建立好榜样

　　宝宝缺乏一定的是非观念，好奇心驱使他模仿别人的行为，他并不知道这行为是不是应该做。父母就要帮助宝宝建立是非观念，在宝

宝咬人之后，要明确地告诉他：咬人是不好的行为，会伤害到别人，没有人会喜欢咬人的孩子。当然宝宝的接受能力有限，不可能一下子就明确咬人是不好的行为。父母就要反复强调。在看到别人咬人时，父母要现身说法，告诉宝宝，这样的行为是不对的。看到宝宝有咬人倾向时，父母要严厉制止，让他知道，爸爸妈妈很不喜欢咬人的孩子。

如果自己的宝宝被咬了，也不能忽视，更要趁此机会教育宝宝：咬人多伤害人啊，被咬了的人该有多疼啊，你千万不要学别人去咬人。如果你咬了别人，别人也会跟你现在一样痛。语调一样要安静平稳，这样才能让宝宝接受。如果父母大声叫喊与愤怒，多半只会带来更多眼泪、焦虑与侵犯性行为。

当然，作为父母一定要言传身教，严格审视自己的教育方式和教育观念，思考对宝宝进行惩罚是否恰当，否则将会出现双重标准。如果父母对宝宝使用了暴力惩罚，他们会认为：大人都可以使用暴力，我也可以。经常使用暴力惩罚宝宝，宝宝很有可能会咬其他小朋友，这是情感置移的方式，把自己内心的愤怒和不满发泄在其他小朋友身上。同时也可以说是他在模仿大人的行为。

NO.4 模仿行为——学习的最初方式

模仿是宝宝的天性，一般来说，宝宝在 7~8 个月就已学会模仿大人的发音，以及拍手、再见、伸手要抱等动作。1 岁是婴儿最善于模仿的阶段。2 岁之后，宝宝更好奇，模仿力更强，很喜欢模仿大人的动作，不管大人行为是好的还是坏的，他们都精心模仿，态度极其认真。

　　家有爱模仿的宝宝，父母一边为其可爱的样子忍俊不禁，一边忧虑宝宝模仿大人的坏行为。宝宝为什么爱模仿呢？

　　自从霖子8个月跟着妈妈学会摇头之后，他模仿的兴趣就一直高涨。10个月时，霖子能模仿妈妈逗他笑的声音和表情。1岁左右，霖子发现妈妈每次洗脸之后在脸上拍化妆水，他每次在洗脸之后也用小手在脸上拍打。

　　这都是让霖子妈妈看得到的进步，霖子每模仿一个动作，都让妈妈欣喜。像梳头、拍皮球、跺脚等，霖子也学会了。有一次在公园，看到一个与他差不多大的宝宝吹肥皂泡泡，他硬是吵着要吹，给他买了之后，他立即吹出了大大的泡泡。

　　2岁半左右的一个早晨，爸爸妈妈都忙着刷牙洗漱，霖子一个人在屋里玩。突然他到了卫生间，看到爸爸妈妈满嘴泡沫在刷牙，便吵着要牙刷。一开始，妈妈只是给他一支橡胶小牙刷，但他看到爸爸妈妈手里还有牙杯，一定也要一杯水。妈妈也给他备一杯水。他学着大人的样子喝了一口水，再喝第二口时，妈妈赶紧告诉他这水不能喝，喝到嘴巴里要立即吐出来。霖子一下子就学会了，他拿起橡胶小牙刷把小牙齿磨得吱扭吱扭响。从那之后，霖子每天早上跟爸爸妈妈一起刷牙。

　　然而，让妈妈担心的是，霖子模仿的范围太广，妈妈用剪刀他也要用，妈妈做饭切菜他也要切菜，妈妈用吸尘器他也要拿着用。有一次一个邻居逗霖子教霖子口吃，他竟然学会了，妈妈用了好一阵子才纠正过来。自从霖子上了幼儿园，妈妈更担心了，万一霖子模仿别人的坏行为怎么办呢？

专家聊天室：宝宝模仿心理解析

　　模仿是儿童对自己身体行为上的一种确认，他们看到一种动作，就似乎可以停在这种动作上，然后将此动作重复出来，最终形成自己的能力。心理学上，行为主义把宝宝这种模仿称作"单纯模仿"，宝宝未用脑思考，有刺激就有反应。精神分析主义认为，这是从本能出发的一种反应，模仿东西感到快乐，释放了潜意识的压抑。

　　宝宝出生后几个月模仿能力就开始萌芽并发展了，标志着他和周围的人有了一种关联，正是这种关联沟通了宝宝的自我世界和外面世界。随着宝宝年龄增长，他模仿的范围扩大，模仿能力也增强。

1. 学习型心理 模仿是学习的最初方式

　　心理学家艾普教授说："如同水中的鱼群群居群嬉一样，孩子们会时时参照周边的人们：互相观察、互相模仿。"对儿童来说，模仿就是一种学习实践的过程。通过对父母、成人、同伴的模仿，在不断地学习新的知识，掌握新的能力。虽然学龄前宝宝很多模仿行为是无意识的，却时时刻刻发挥着作用。穿衣、吃饭、做运动、说话、唱歌、玩游戏等等，样样都是模仿的结果。宝宝通过模仿他人的言行举止，来增强自己的行为能力和思维能力。其实在出生后最初的4个小时中，新生儿就已经具有模仿能力了。那时的新生儿模仿的是张开嘴、撅起嘴，或者是在嘴里动舌头。从此之后，宝宝就开始了各种各样的模仿，从牙牙学语到叫爸爸妈妈，从翻身到爬行，从站立到行走，这些都是通过模仿获得的学习成果。

2．从众型心理 获得别人认可是人际交往的需要

看到别人做什么，自己就模仿什么，如果模仿成功，宝宝会有一种成功的喜悦感。这说明宝宝喜欢从众，想与别人一样，获得别人的认可，融入别人的活动中。这是一种人际交往、人际依赖的心理安全需要，想获得一种群体归属感。但宝宝的从众又是一种盲从，他们没有筛选信息的能力，没有明确的道德规范，不是专门模仿好的行为，也不是专门模仿坏的行为，而是从兴趣动身，对什么有兴趣就模仿什么，对什么感到新奇好玩就模仿什么。

3．依赖型心理 不用动脑独立性差

模仿规律启示我们，一切事物不是发明就是模仿。有了模仿能力，我们减少了不必要探索和尝试能够迅速掌握前人已经摸索出来的各种技能，才可能有时间、有精力去创新和发展。一个人从小到大很多本事都是靠模仿学会的。模仿就是：别人怎么说，我就怎么说；别人怎么做，我就怎么做；至于想，那就不清楚了。学龄前的幼儿年龄小，独立自主意识较弱，依赖心理严重，还不能独立去做一些事情，只好通过模仿。而模仿是无意识的，幼儿根本分不清自己与他人的看法或活动。这不用动脑的学习正好适合宝宝的思维水平和行为水平。

4．表现型心理 模仿会引起关注

学龄前的宝宝对未知事物充满了好奇心，总想用嘴巴尝一尝，用

小手摸一摸，想揭开新鲜事物的神秘面纱。而同时，随着宝宝年龄增大，家长的注意力稍微发生一点转移，敏感的宝宝立即感觉到了，很想做点什么引起家长的关注。于是，他们就模仿，如果模仿换来大人的笑声或称赞，他们更来劲，模仿得更卖力；如果换来的是大人的制止和指责，又激起他们的好奇心，增强了这种行为的诱惑力。

家长执行方案：如何应对模仿宝宝

3-6岁是宝宝智力开发的关键时期，也是宝宝养成良好的行为习惯的关键时期。爱模仿说明宝宝观察力强，喜欢获得别人的认同。宝宝通过观察他人的行为及结果来学习，他从模仿中学到了较成熟的处事方法和技巧，他的个性也在模仿的过程中完成。

然而，模仿是一把双刃剑。如果宝宝事事模仿，自己不愿动脑筋，凡事没有主见，盲目从众，胡乱模仿，就要引起家长注意了。家长要利用宝宝模仿特点，挖掘出孩子模仿中的教育价值，帮宝宝发展良好模仿行为，引导纠正不良模仿行为。

制胜绝招一：创造机会鼓励模仿

宝宝总是努力地去模仿别人的一言一行，并以此为乐，可又不明白所模仿的语句的含义，但这也代表了宝宝智力和认知有了进一步的发展。通过模仿，孩子不仅能够复制行为，而且也能对模仿的行为进行加工，有所创新。家长应该创造一些机会，让宝宝跟着模仿。比如把垃圾捡起来放垃圾桶，把鞋子放在鞋架上等，也可以做一些诸如刷牙洗脸之类的日常生活行为，还可以看书写字，让宝宝从小爱上学习。

家长还应该及时表扬宝宝模仿的好行为，鼓励宝宝继续保持。在讨论问题时，家长应鼓励宝宝发表不同意见，进行独立性的活动，这样才有助于创造性思维的培养。

制胜绝招二：适时引导，培养独立思维

宝宝爱模仿是好事，但总模仿容易使宝宝养成不动脑筋的习惯。家长要适度引导，在宝宝多次模仿别人的时候，给宝宝讲："别人做什么你就做什么，别人会说你是跟屁虫的，长大了会被别人瞧不起，觉得你笨，这样多不好。"遇到新鲜事情，宝宝没有模仿对象的时候，家长就要鼓励宝宝动脑筋："宝宝最聪明了，这次肯定能自己想办法。妈妈相信你是最棒的！"宝宝思维能力有限，家长侧面引导，给宝宝出一些点子，引导宝宝灵活地思考问题，并独立自主地解决问题。

制胜绝招三：弃恶扬善，鼓励与制止并存

宝宝的思维不成熟，不能清楚辨别自己将要模仿的行为是好是坏。有的家长看到宝宝模仿大人的坏习惯，觉得孩子聪明，嘿嘿笑着，这是对孩子模仿坏行为的一种鼓励。有的家长则斥责宝宝："好的不学，坏的你倒学得快"，从而激起孩子的反抗心理。还有的家长拿自己宝宝与别人家宝宝对比：你看某某多聪明啊，都背二十首唐诗了。这些做法都不会让宝宝模仿好的，不模仿坏的。家长平时要多引导，告知宝宝哪些是坏行为，不可以模仿，哪些是好行为，要去学习。宝宝若是模仿好行为，家长要给予鼓励；若是坏行为，要加以纠正，这个纠正一定是引导，而非严厉制止，可以告诉宝宝这种坏行为坏在哪里。

但引导宝宝模仿好的行为必须是宝宝自愿的，这样才能被孩子吸收；被模仿的对象也必须是吸引孩子，激发孩子兴趣的。

制胜绝招四：树立榜样，创造良好模仿环境

近朱者赤，近墨者黑。古代孟母为给孟子找良好的教育环境，尚且"三迁"，何况我们现代的家长，有足够的条件为宝宝创造良好的模仿环境。学习始于模仿，模仿始于家庭。宝宝是非观念差，不管是好的还是坏的，都照单全收。从善如登，从恶如崩。坏习惯一旦养成，纠正起来十分困难。那么家庭成员就要时刻注意自己的言行举止，不要把坏习惯感染给宝宝。家长和老师可以在宝宝身边找一个行为习惯好的宝宝，树立好榜样，促使他去学习、模仿，这对巩固好的行为有积极的效果，而这种行为最终也会转化为自觉行为。

NO.5　棉花糖一样黏人——分离焦虑症的突出表现

很多妈妈都抱怨早上离家准备去上班时，被家里的小宝宝缠得脱不开身，很烦恼。这是大多数宝宝在1岁以后都会经历的一个"黏父母"的阶段，而在陌生环境中，或周围有陌生人时，宝宝的黏人现象会更突出。

家有这样黏人的宝宝，父母都为此束手无策，伤透了脑筋。他们都希望宝宝能改掉这个"坏毛病"，学会独立。

王静的女儿快一岁了，她打算重新回到工作中，于是便跟丈夫商

量把婆婆接来带女儿。婆婆家在农村，同女儿很少见面。这次来家里，女儿对奶奶非常陌生。可是为了事业，必须把女儿塞给婆婆，王静狠狠心去上班了。

第一次分开，女儿当时还睡觉，没看到女儿吵闹，王静放心地上班去了。可她刚到单位，婆婆电话就打过来了，电话里是女儿撕心裂肺的哭声。王静又匆匆忙忙赶回家。

折腾一个星期，女儿总算跟婆婆混熟了，但是除了上班的8小时，其他时间王静几乎都被女儿黏上了，只要她一回家，女儿吃喝拉撒睡，全都要她陪，晚上睡觉前必须要抱着才睡。连上个洗手间那几分钟时间，她都要大哭。婆婆埋怨说，王静上班的时候孩子还乖乖的，见到王静，孩子完全变了样。

一个月过去了，王静被折腾地筋疲力尽。女儿黏人的现象变本加厉，更让王静闹心的是，女儿三天两头生病，不是拉肚子就是感冒。丈夫主张让婆婆把女儿带回农村，王静想了想同意了。

可送回去不到三天，婆婆就沮丧地把女儿带回来了。王静又开始了白天上班，晚上被折腾的生活。她苦恼极了，这样的日子什么时候是个头啊！

专家聊天室：宝宝黏人和分离焦虑的解析

正确认识并理解宝宝的黏人心理。其实宝宝黏人是正常的心理过程，心理学家鲍尔贝指出："婴幼儿与母亲间温暖、亲密的连续不断的关系，适度的依恋（也就是粘人现象），幼儿既可找到满足，又可以找到愉快。安全的依恋将导致一个人的信赖、自我信任，并且成功地和自己的伴侣与后代和乐相处。"宝宝因害怕分离而出现的黏人现

象，并不可怕，但是因此而导致的分离焦虑症，如果父母不能很好地帮宝宝度过，严重的将会造成负面情绪发展，宝宝很有可能会变得不自信，或害怕面对新事物。

加州大学医学院精神学临床教授阿兰·斯格尔认为，宝宝黏人最明显的阶段在一岁到两岁时期，常见于学龄前期，在宝宝心里，自己的"安全基地"就是母亲或者看护人，如果他们感觉到不安全，就要返回在母亲或看护人身边，像棉花糖一样黏人。

父母首先要做的就是正确认识宝宝黏人的原因，分析宝宝分离焦虑症是何种心理？

1. 需求型心理 没有物体恒存概念

从 8 个月开始，宝宝大脑处理负面情绪的区域开始发育，很容易流露出不快情绪。同时，自我意识也有很大的发展。这种变化，使他们努力去应付这些刚刚出现的强烈而又复杂的感觉，更需要妈妈或看护人在身边。另一方面，一般成人具有物体恒存的概念，但宝宝没有。感知能力和思维能力发育的局限性，让他们认为暂时看不到的东西就不存在了，即便是睡觉，感觉很困了，但还是不想闭眼睛，因为他们误以为自己睡着了爸爸妈妈就再也不出现了。

2. 先天型心理 性格内向拒绝亲近外人

一个人的性格发育，遗传占有很大比例。一般说来，妈妈性格内向，怀孕期间阴郁不安，生出来的宝宝性格就内向。因为性格内向，他们在认清了爸爸妈妈后，不太愿意与周围的人亲近，不愿参加各种活动，

对父母的依恋更强烈，焦虑的表现也更为剧烈。

3. 包办型心理 溺爱和干涉削弱独立能力

宝宝年幼，都缺乏独立自理能力。充当引导者的父母这时候往往充当包办者角色。本来宝宝不愿意独自面对这些生活问题，为此会产生不安和焦虑。父母过分呵护宝宝，一切包办代替，忽视宝宝独立能力的培养，所以宝宝不去努力学着自理，凡事习惯依赖父母。同时，父母总是把宝宝关在封闭的空间里，不让他们跟陌生人接触，使宝宝失去了与人交往的各种机会，导致宝宝社会性发展缓慢，遇到陌生人或陌生环境很容易产生焦虑，从而依赖性变强，紧紧黏着父母。

4. 拒新型心理 缺乏安全感拒绝新事物

宝宝因分离而产生的焦虑，主要是宝宝缺乏安全感。面对新的环境、新的人、新的事物，他们更缺乏安全感，不愿意适应陌生环境，逃避新人和新鲜事物，一旦离开父母，就感觉到不安、恐惧，出现哭闹、抗拒，甚至不吃不喝的行为。另一方面，有的父母担心宝宝会被陌生人拐走，一直给宝宝灌输外界的负面认识，恐吓宝宝如何跟陌生人说话以后就见不到妈妈了，这样一来，宝宝就认为只有在家里和家人在一起才安全。

5. 感染型心理 心理暗示的强大感染力

父母的言行对宝宝的影响非常大。有的父母宠爱宝宝，有的父母

063

有恋子情结，尤其是现代父母，都是上班族，离开宝宝的时候，宝宝哭闹，让他们心里难受，不忍心离开，依依不舍。这种行为给宝宝一种心理暗示，严重感染宝宝，增加其焦虑的程度，诱发其伤心、忧郁的不良情绪产生。

6. 挽留型心理 哭闹是威胁父母最有效的方式

宝宝语言表达能力有限，每次想达到什么目的，总是以哭闹来要挟父母。而父母不忍心看到宝宝如此哭闹难过，便满足了宝宝的要求。久而久之，让宝宝养成了一个习惯，觉得哭闹是让父母就范的最好手段。他们害怕父母离开，也就用哭闹来要挟，希望自己的眼泪能让父母留下来陪自己。

家长执行方案：针对性处理宝宝黏人的行为

分离焦虑症是幼儿时期常见的一种情绪障碍，由此而产生的黏人现象也并不少见。这种不适应行为或情绪，在不同年龄会有不同的反应。通常在宝宝1岁到1岁半时表现比较严重，随着宝宝对父母存在的安全感，以及对环境和自我状态的掌握越来越有信心后，这种状况会逐渐得到改善。

所以，父母没有必要为此太过担心，但是也不能忽视。一定要妥善处理好宝宝的分离焦虑，正确应对宝宝黏人心理，帮助宝宝度过这个心理焦虑期。

制胜绝招一：全心陪伴给予充分安全感

宝宝对父母的依恋是天生的，是一种情感表达的方式。父母能给予宝宝最大的就是爱，是全心全意的陪伴。应该珍惜和宝宝在一起的时间，充分交流——和他一起玩耍，给他读故事，全心全意地关注他。这样宝宝才能感觉到父母是爱他的，他才不会缺乏安全感。美国依赖情感研究专家霍华德·斯蒂尔教授解释说："这样做会让孩子知道：你多么可靠，多么愿意和他在一起，那么他的焦虑最终会慢慢平息。"

制胜绝招二：正确育儿观念培养生活技能

孩子依恋父母，很大的原因是父母的溺爱，导致宝宝自理能力差。要降低孩子对父母的依恋程度，父母就要改变育儿观念。在宝宝成长过程中，父母要适当放手，让宝宝做力所能及的事，并时刻表扬宝宝，鼓励宝宝独立，做一个健康、活泼的宝宝。当然，宝宝要成长、要独立是一个循序渐进的过程，需要家人不断地鼓励他、指导他，千万不要事事包办。

制胜绝招三：制造缓冲期缓解分离焦虑

分离焦虑症并不是每个宝宝都有的，有的宝宝面对分离一点都不焦虑。其实这是父母在分离前充分制造了缓冲期，让宝宝能够在父母离开之前接受其他看护人。缓冲期期间，如果宝宝习惯了其他看护人，父母再离开，就能有效地减少宝宝面对分离时所带来的焦虑和不适应。

在离开之前，父母还应该表现冷淡一点，让宝宝感觉父母离开是很自然的事。在培养宝宝独自睡觉前，可以让宝宝一点点地脱离父母，慢慢适应与父母之间这种空间距离。如果宝宝半夜喊父母，父母只要答应一声让他感到父母在身边就可以。父母离开之前，还应该告诉宝宝，并承诺在说好的时间里回来。父母回来时，要称赞宝宝的表现。

制胜绝招四：扩大交际面培养外向型性格

宝宝黏人很大原因是宝宝性格内向、胆小，父母要培养孩子外向型性格。从小要让孩子习惯多人养育，不要让宝宝依赖一个养育者。给宝宝接触陌生人的机会，带宝宝出去玩耍，跟其他小朋友交朋友，要让孩子拥有多个一起玩的小伙伴。教会宝宝与陌生人打招呼，学会叫人。如果有其他小朋友来家里，父母鼓励宝宝把玩具拿出来，与小朋友一起玩耍，培养孩子分享和合群的能力。

制胜绝招五：安抚情绪重视亲子交流

让宝宝从分离焦虑中走出来，不再时时黏人，就要让宝宝快乐。这种快乐应该形成于亲子之间的感情交流，亲子交流让宝宝得到情感上的满足，情绪得到安抚。亲子交流要走出一个误区，那就是不能用物质来满足孩子，要真正在感情上与宝宝交流。宝宝在哭闹时，不能送个玩具或给好吃的食物，要知道宝宝这个时候需要的就是母爱，是情感上的抚慰，父母要倾听宝宝的需求，陪伴宝宝，等宝宝情绪稳定下来，再给宝宝说父母只是暂时离开一会儿。

制胜绝招六：正确心理暗示拒绝传递焦虑

父母的情绪对宝宝影响非常大，在与宝宝分离之前，父母要调整好自己的心态，首先自己不要有不安的情绪，而要跟宝宝说明，愉快地跟宝宝再见。父母轻松的微笑，愉快的情绪，轻柔的语调，让宝宝感觉到，与父母分开是很自然的事，父母很快就会回来。当然，父母一定要给宝宝承诺多久会回来，并且一定要在承诺的时间内回来。如果父母离开时，宝宝表现得很好，父母要及时地给予表扬，让宝宝为自己而自豪，并会努力每次都做到。

NO.6　能做的不愿做——依赖心理的典型行为

很多父母抱怨，自己的孩子都会走路了，却不愿意走，一定要人抱着。还有的抱怨，孩子都上幼儿园了，还不会自己脱裤子大小便。依赖性强影响宝宝的智力发育，严重的还会引起心理问题。

遇到依赖型宝宝，父母应该反思和解析，宝宝的依赖性是如何形成的。

晓梅的女儿两岁多了，一直是她和婆婆两个人带。两岁的孩子早就学会走路了，一岁半的时候还兴致勃勃地跟在晓梅后面屁颠屁颠地走，但现在两岁多了，竟然不愿意走了，不管去哪里都要人抱着。

还有个问题就是，女儿到现在还不会自己蹲下来大小便，每次出门还要戴上纸尿裤，否则裤子上一定是湿漉漉的。为此，晓梅跟女儿教了很多次，但都没效果，不知道是她学不会，还是根本不想自己蹲

下大小便。

婆婆年纪大了，只能帮忙打个下手，大部分时间还是晓梅一个人带。宝宝依赖性这样强，晓梅很疑惑，自己到底哪里做得不对呢？

专家聊天室：宝宝依赖心理解析

著名的发展心理学家艾里克森指出，3-6岁这一阶段是孩子自主性、独立性迅速发展的时期，应注意对其独创性的培养。否则会让宝宝养成依赖性强的习惯，不管做什么都要父母帮忙，遇到困难时从不愿动脑筋去解决，习惯性依赖别人的帮助。

这是父母教育不力造成的。父母没有在适当时间培养孩子的独立性和自主性。独立性是指不依赖外力，不受外界束缚，独立解决问题的能力。独立性强的孩子，能够很快认识新鲜事物，适应新鲜环境。

所以，父母在从宝宝身上找原因的同时，更要从教育方式上找原因。

1. 索取型心理 爱的需求得不到满足

宝宝成长过程中，父母陪伴的机会多少不一。尤其当宝宝大一点后，到幼儿园，父母要工作，宝宝感觉父母对他的爱和关注没有以前那么多。在宝宝心里，可能自己会走路了妈妈就抱自己了，可能自己会吃饭了妈妈就不给自己喂饭了，可能自己会脱裤子大小便了妈妈就不给自己温柔地擦洗小屁屁了……还有的宝宝会被送给祖父母或外祖父母，或者保姆来带，宝宝更感觉到父母不再爱自己了。正是这种心理，

让宝宝不愿意独立自主做事情，希望父母帮自己做，多陪伴自己。

2. 挫折型心理 自信受挫不愿尝试

宝宝在两岁左右时会出现分离焦虑和怯生现象，他们不愿离开父母，害怕见到陌生人。而这个时期正是宝宝联系各种生活技能的重要阶段，很容易遇到挫折。遇到挫折后，他们更依赖父母，不再去尝试联系生活技能。比如走路遇到摔跤，宝宝会害怕走路，会走也不愿意走，而要大人抱。还比如学说话说不清楚遭到耻笑，以后就不愿意说话，因此变得内向。还有的父母认为孩子不能表扬，否则会翘尾巴，于是经常批评，让孩子不愿意做事。这些伤害让宝宝变得自卑、胆小，他们觉得自己不如人，与其这样，还不如依赖别人。小时候依赖父母，长大了依赖别人，从而丧失自我的独立性。

3. 兴趣型心理 不喜欢的不愿做

大多数宝宝都是三分钟热度型，感觉某件事好玩就去做，做着做着就觉得乏味了。比如走路，刚学走路时，宝宝有强烈的愿望去支配自己的双腿，只要醒着就一定要大人搀着陪着不停地走路。但是一旦学会了，这种兴奋劲过去，宝宝懒得再走了，注意力不再集中在走路上，开始重新寻找父母的怀抱，甚至会想尽办法让父母抱着。

4. 溺爱型心理 包办代替的可怕后果

现代家庭里通常是独生子女，父母或祖父母恨不得把所有的爱都

给宝宝。爱的表现就是包办、溺爱，把宝宝所有的事情都帮着做了。宝宝年纪小，父母心疼宝宝，或者觉得宝宝做得太慢、太差，就一手包办了。学龄前宝宝要学的生活技能很多，3-4 岁幼儿能独立吃饭、大小便、入睡等；4-5 岁幼儿能自己穿脱衣服鞋袜、洗手洗脸、将玩具放好等；5-6 岁幼儿能独立叠被子、叠衣服、整理书包等。这些自理能力宝宝做得肯定不够好不够快，父母图省事就帮宝宝做了。他们忽视了最重要的责任，那就是教育宝宝学会自立。美国心理学家戴尔说："孩子需要一定的空间去成长，去试验自己的能力，去学会如何对付危险的局势。不要为孩子做任何他自己能做的事。如果我们过多地做了，就剥夺了孩子发展自己的能力的机会，也剥夺了他的自立及信心。"在家人的溺爱下，宝宝依赖心理很强。遇到困难，宝宝会感到不知所措，不能积极主动地想办法去克服困难，而是习惯性地依赖别人的帮助。

家长执行方案：应对依赖心强的宝宝

宝宝对父母的依赖是天性，幼儿时期情有可原，但随着年龄的增大，如果宝宝还是凡事依靠父母，不愿自己走路，不愿自己吃饭，不愿自己穿脱衣服，这就要引起家长的重视了。

美国发展心理学家艾里克森认为，1-3 岁的宝宝会进入自主、羞怯或怀疑阶段，他们开始自主地探索环境以及尝试新事物，如自己用勺子吃饭。4-6 岁，宝宝进入自动自发、退缩内疚阶段，这个阶段如果还将宝宝禁锢在父母身边，回避外界环境的刺激，就会加重宝宝对妈妈的依赖，对其心理、智力的发展产生消极和不良的影响。

孩子过分依赖的习惯，与父母的教育方式有密切的关系。面对孩

子的依赖性，父母首先要弄清楚孩子依赖行为产生的原因，然后采取正确的措施，让孩子学会独立。

制胜绝招一：理性的爱正确的引导

宝宝依赖行为是想留住以前的感觉，希望父母还像以前一样照顾自己关爱自己。这个阶段，父母应该对宝宝表现更多的爱，让他时刻感觉父母绝对不会不顾自己。但这种爱是理性的，是对宝宝一种引导，尽可能创造条件，让宝宝有更多机会跟其他家人玩耍，享受他们给他带来的关爱，也尝试鼓励宝贝以他自己的方式去爱大家。父母尽可能自己抚养宝宝，如果宝宝是其他人看护，父母不需要对宝宝有内疚感，最好多抽时间和宝宝在一起，尽量多一些肢体的亲密接触，而不是时不时给物质补偿，这样反而害了宝宝。

制胜绝招二：培养独立鼓励表扬为主

走路摔跤、说话遭耻笑等挫折让宝宝变得不自信，父母要做的就是及时帮助宝宝排解，并重新建立自信。在这个过程中，父母要正视孩子的失误，不能指责，尊重孩子，不能给孩子贴上诸如"笨""懒"这样的标签。首先要鼓励孩子做得对的地方，再帮助孩子分析失误的原因，找到问题在哪里，鼓励宝宝再试试。这样一来，孩子感觉即使父母不搀扶自己，但父母一直在自己身后，如果自己需要，他们会随时来帮助自己。早上起来，让宝宝自己穿衣服，即使他穿得不整齐，出门之前帮他整理好就行。吃饭的时候让他自己用碗筷，即使满桌满地都是饭粒，吃完帮他打扫一下就行。这种教育方法锻炼了孩子的自

理能力，极大地增强了孩子的自信心。

制胜绝招三：寓教于乐快乐学习自理

宝宝学习任何技能，大多数都是图兴趣，图好玩。培养宝宝自理能力就要把学习过程和劳动过程变得有趣一点，避免简单的命令引起宝宝抗拒。对不喜欢走路的宝宝，父母可以为宝宝准备好看的鞋子，许多宝宝会因为要炫耀鞋子上的漂亮图案而多走路。最好在游戏中跟孩子一起走路，比如比赛之类的。穿衣服，也可以跟宝宝比赛早上看谁先把衣服穿好。当然这些游戏要让宝宝多赢几次，多表扬他，让他有成就感，但也要败一次，激发他争强好胜不服输的天性，孩子就会变得主动起来，使父母成功达到消除孩子依赖心理的目的。

制胜绝招四：授人以渔做力所能及的事

为了图省事，很多父母把宝宝应该要做的事情包办了，这种包办直接造成了孩子依赖行为的根源，还会让宝宝养成好吃懒做的坏习惯。儿童心理学研究表明，孩子其实是喜欢自己做事情的。他们喜欢说"我能"、"我自己来"等，为了培养孩子的独立性，父母必须解放孩子的手脚，放手让他们去做那些应该做而且又是力反能及的事情，即使孩子做得不好、处理得不圆满也没关系。

授人以鱼，不如授人以渔。父母应该教会孩子做力所能及的事，比如倒垃圾、叠被子、扫地，等等。孩子在做这些事情的时候，父母要有耐心，孩子主动帮助做家务应得到鼓励。在让他们做力所能及事情的同时，告诉宝宝这样做的目的是培养他们独立、勤劳、刚强、负

责任的心理品质，以及锻炼他们的自理能力。

NO.7　不如意时发脾气——第一反抗期的到来

宝宝两岁左右，好奇心和新需要越发强烈，依个人偏爱而喜恶的事情也日益增多。这时候，父母发现宝宝"性情大变"，动不动就发脾气，以前喜欢黏人现在却喜欢独自"闯荡"，以前乖乖听话的现在却喜欢跟父母对着干。

其实，这是每一个孩子在心理发展历程中的必经之旅，有人就把宝宝这阶段叫做"可怕的两岁儿"，心理学上称"第一次反抗期"。只是父母不知道宝宝到底是怎么了，真是头疼。

甜甜妈妈最近头疼不已，甜甜以前是一个快乐随和讨人喜欢的宝宝，可现在两岁半了，怎么就性情大变呢？

早上让她吃面条，她一把推开碗，还把妈妈的脸抓伤了。到了午睡时间了，她眼睛都眯上了，就是不肯关电视上床，妈妈关掉电视她就哭了半小时。外婆来看她，以前都欢快地叫外婆，扑上去让外婆抱，现在却只顾玩玩具，理都不理。

这些天一直这样，妈妈给她讲道理，她也不听，打的手段都用上了，她还是那样。越说越来劲，越打闹得越凶。一次爸爸妈妈带甜甜去公园玩，游乐场那么多设施，甜甜以前最爱玩旋转木马了，可这次把她放木马上一放，她就拼命反抗，大喊着"不"，哭闹不止。妈妈问她想玩什么，她竟然指着火车，她这年纪怎么能玩这种惊险项目啊！妈妈摇头，坚决不让玩。甜甜哭得浑身发抖，爸爸妈妈越是哄，她哭

得越厉害。妈妈强行带她回家，她竟然坐在了地上，双腿乱蹬。

女儿这是怎么了啊！甜甜妈妈担心极了，只好带甜甜去做心理咨询。

专家聊天室：宝宝反抗期心理的解析

心理学上认为，儿童的心理发展是渐进式的变化，但是在某些特定的转折时段内，存在着转折期、危机期、对抗期等不同称谓的学术观点。宝宝在学龄前阶段，尤其在两岁之后，宝宝一反常态不再黏着父母，反而闹起了"独立"，性格变得执拗、任性，甚至强硬，有时发展到不可理喻的地步。他们有的爱发脾气，有的爱破坏东西，有的动不动就说"不"，有的还有暴力行为。我们把这个时段称为第一反抗期。

那么宝宝为什么会出现这样的反抗期呢？宝宝在这一时期的心理到底是怎样的？

1.发展型心理 活动能力增强活动范围要扩大

随着宝宝活动能力的增强，对世界的认知能力提高，生理和心理上的急剧变化，导致宝宝的需要发生了很大的变化，很多以前需要父母来帮忙的事情都可以自己动手。他们渴望扩大独立活动范围，会不断尝试去独立完成新的事情。但又由于活动能力有限，很多事情都做不好，家长会觉得宝宝这是胡闹，加以限制和阻拦，引起宝宝的反抗。比如宝宝喜欢把东西摔地上，这并不是与家长作对，一方面他是在探索这东西扔到地上到底有什么样的结果，另一方面是在锻炼自己手臂

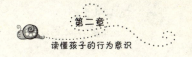

大肌肉的力量。从发展的角度来看，这些行为都是孩子对自己身体的运作、周遭环境的探索的正常表现。

2.自我型心理 反抗体现自我存在

一岁之前的宝宝没有自我意识，觉得妈妈就是我，我就是妈妈。直到一岁开始，宝宝突然发觉自己是一个独立的个体。刚开始他对这个发现感到焦虑，害怕与妈妈分离，因此非常黏人。而之后他发觉自己能够独立做很多事情，比如走路，这让他感到自豪和好奇，更想主动去体验一下自己到底能做什么样的事情。这就是宝宝自我意识在发展。有了自我意识，就会清楚地知道哪些事情是让"我"做的，哪些事情是"我"想做的。他们非常想表达自己的意识，但他们的表达方式常常与成人的规范格格不入，大人于是压制，宝宝于是反抗。

3.表现型心理 探索未知以表现自我

宝宝在3-4岁时，对周围的环境充满了强烈的好奇心，而自己已经具备了自由活动的能力，他希望去探索那些他看不懂的事，希望通过做一些事向父母展现自己已经具备的能力。父母限制他做的事，"越不让动越要动"；父母做的事，不管有多危险，他都想去尝试。宝宝对独立空间的要求，对新鲜事物的探索欲，让父母恼火，他们认为宝宝这样做不符合规范，由此加以阻拦和拒绝，让宝宝大为恼火，因此表现出不服从，与父母"分庭抗礼"。而且这个时期的宝宝对父母的反应也开始了探索，在与父母对抗的实战经验中，他"总结"出一套有效的应对方式，如何做才能让父母满足自己，达到自己的目的。

4．失控型心理 情绪控制能力发展缓慢

2—3岁的宝宝虽然自我意识开始发展，活动能力得到提升，但在许多方面发展不成熟，突出表现为情绪控制能力弱。他们想要的东西从来不管父母到底是否能得到，自己的要求到底是否合理。他们要做的事，也从来不管是否可以做，家长是否允许自己做。如果达不到他们的要求，他们就会感到不满，于是就用吵嚷、哭闹等方式来发泄这种不满。宝宝的思维发展的程度和思维的灵活性还不高，常常显得死心眼儿。所以他们的情绪经常失控，就出现发脾气、摔东西、打人等一系列"胡闹"行为。

家长执行方案：应对反抗期宝宝

"三岁看大，七岁看老"，3岁说的就是反抗行为。如果做得好，就有可能变第一反抗期为第一发展加速期，为孩子的心智水平提升和良好性情的培养起到积极的支持、促进。反之，如果一味压制孩子的反抗，反抗心理就会在心理埋下种子，让孩子一辈子成为"反抗儿"或懦弱儿。

可见，反抗期是孩子个性形成的关键期，父母教养态度正确与否，直接影响到孩子良好的个性品质的形成。因此，对处在反抗期的宝宝，需要父母做好相应的心理准备和策略应对，加以正确引导。

制胜绝招一：尊重理解启发自制行为

自我存在意识表现了宝宝成长的可喜进步。父母应该给予正面的肯定，如宝宝所愿，把宝宝看成一个独立的个体，给予他们平等地位。用命令式的口气"要这样"或"不许那样"，只会激起宝宝更大的反抗心理。以平等的姿态，征询孩子的意见，让孩子自己来做主哪件事能做哪件事不能做。如果孩子说"不"，就要尊重他们的想法，先让他们把想法表达出来，让他们感觉到父母的尊重，感觉到父母不是高高在上的权威者，他们把自己看成了一个独立的、可以有想法的人。尊重和理解给予了孩子在合理范围内的自主选择权，激发孩子自制性，将反抗行为转化为自制行为。

制胜绝招二：态度比任何方法都有效

宝宝在做出反抗行为的时候，期望的就是父母平等看待他们的态度。若父母态度强硬，他们更强硬；如果父母态度温顺，他们也随之温顺。最大部分宝宝在这个时期都是吃软不吃硬的，父母态度一定要温和，有耐心。在这样的对手面前，宝宝的反抗心理会慢慢平息。面对反抗期宝宝，父母还应多给予一点爱，不要苛求他们，忽视缺点，赞扬优点。但宽容不等于纵容，如果宝宝的行为超出父母的承受范围，就要适当地加以控制。千万别为了尽快让宝宝安静下来，而采取听之任之或百依百顺的态度，这很容易让孩子形成任性、骄横的性格。

制胜绝招三：亲自体验满足自我意识

宝宝反抗，无非就是想在大人面前表现一下，展现自己独立做事的能力。父母何不满足一下他们这样的小心思。有些安全范围之内的事情，就放开手让他去做，即便家长知道宝宝不可能做好，也让他去体验一次，让他自己知道自己能不能完成，若完成不了，他们会自动放弃。同时鼓励孩子把一事从头到尾做完，即使成效不好，也要夸他几句。当然对于宝宝的反抗行为，也不能一味满足，还要适当拒绝。拒绝的时候为了平衡孩子的心理，可适当安慰。比如，宝宝在冬天要吃冰淇淋，这是绝对不能给的，家长在拒绝的时候可以给他一块蛋糕，并告诉他冬天吃冰淇淋的危害。家长要掌握这个度，既不能一味地满足，也不能过多地限制。要注意因势利导，从旁协助，给予正确合理的教育，帮宝宝顺利度过反抗期。

制胜绝招四：技巧比命令更容易接受

引导宝宝停止反抗行为，技巧比命令更容易接受。命令会激起更大的反抗，而拐弯使用技巧，会取得事半功倍的效果。比如，限制式选择，"睡前是看动画片还是听故事"，商量的语气让宝宝乐于接受，无论选择哪一个，都能达到你要求他的目的；注意力转移法，用另一种使他更感兴趣的事来吸引他，宝宝的注意力迅速被吸引到其他地方，从而使他放弃那个不正当的要求；主动改变环境，而不要让宝宝在不好的环境里改变行为；正话反说法，顺着孩子的心思，反着来要求孩子。

第三章

探索孩子的懵懂心理

孩子的感知力和好奇心是人最简单心理现象的范畴，这也是孩子认识客观世界的第一个发展期，是接受一切外来认知的源泉，心理认知对孩子心理成长起着十分重要的作用。

所以，探索孩子的懵懂心理，正确处理孩子的好奇心和认知力，这是所有家长教养孩子的过程中必不可缺的一环。

NO.1　我是女孩——性别意识的建立

孩子对一切都充满好奇，对自己的身体也是如此，孩子们还会做一些令人始料不及的事情，比如很多刚上幼儿园的孩子会对自己的生理构造很好奇，甚至有孩子提出一些生理上的尴尬问题，让诸多家长一时不知该如何回答。

其实，这是孩子性别意识发展必经的阶段，不要大惊小怪。家长要了解孩子性别意识是如何发展的，自己怎么做才能让孩子建立正确的性别意识。

这天，邻居林阿姨带不到两岁的小妞妞来家里玩，三岁多的洋洋非常热情，拿出玩具与妞妞分享。但是妞妞并不喜欢洋洋的小汽车、坦克、奥特曼之类的玩具，并说："你怎么没有洋娃娃呢？洋娃娃可好玩了，还能跟我说话呢？"洋洋忽闪着大眼睛："真的啊！"转过来问妈妈："我为什么没有洋娃娃呢？"妈妈就说："你是男孩子，男孩子不喜欢玩洋娃娃的！""哦。"洋洋似懂非懂地点点头。

过了一会儿，妞妞说要尿尿，林阿姨让妞妞自己去卫生间。洋洋跟着过去了，看到妞妞蹲在地上小解，洋洋很奇怪，他跑出来大声问

妈妈："姐姐为什么不站着上厕所。"妈妈感到很尴尬，一时不知该如何回答，赶紧用拿出图画书转移了洋洋的注意力。

类似这样的事情很多，洋洋妈妈在送洋洋去幼儿园额时候就听老师说过。洋洋很喜欢小女孩圆圆，自己好吃的东西都给圆圆吃，他可能听妈妈说过结婚要和自己喜欢的人结，就向圆圆求婚，却遭到了圆圆拒绝。圆圆哭着给老师说："洋洋要跟我结婚，我不想结，他就对我吼……"

看来有必要重视这个问题了，要好好对洋洋进行性别教育了。洋洋妈妈开始和爸爸商量着怎么来给洋洋建立性别意识。

专家聊天室：宝宝性别意识不清晰的原因

性别意识是自我意识的重要内容之一。如果孩子在成长过程中，性别意识发生错乱和障碍，很可能会混淆生物学上的性别，或者不接受、认可自己的生物性别。"异性癖"、"恋物癖"等这样的心理疾病，甚至还有要求变性的，这都是从小对性别的错误认识造成的。

一般来说，3周岁以前的幼儿性别意识模糊，父母在日常生活中应花大力气来帮助孩子建立性别意识。而3岁以上的孩子已经有了性别意识，进入心理学上说的"性别敏感期"，更需要家长给予正确引导，帮孩子认识自己的性别。

宝宝为什么性别意识模糊呢？让我们先从心理学上来分析分析。

1. 习惯型心理　性格定位受周边环境影响

3岁以前的宝宝，他们的世界非常简单，他们只简单地知道"爸

爸""妈妈""男的""女的"，都是大人对他们概念化的灌输，因此他们对性别的认识是表面的、肤浅的，他们大都通过成人身体上的特征来分辨。比如，妈妈留长发，妈妈是女的，那留长发的都是女的。妈妈涂口红，妈妈是女的，那涂口红的都是女的。爸爸抽烟，爸爸是男的，那抽烟的都是男的。然而，现代社会人们追求个性、非主流，在装扮上标新立异，男的留长发涂口红，女的留半寸抽烟。成人觉得这很正常，而孩子却对此迷惑了。所以，他们不能清楚地分辨出男性和女性。

2. 差异型心理 宝宝反性别装扮的危害

孩子从出生起家长就开始了性别教育，乳名、玩具、装扮，都是在告诉宝宝是什么性别。因此宝宝最初对于自己性别的认知完全来自于父母的引导。有的家长按照家乡风俗，如果体弱多病，要把他装扮成女孩来抚养，穿色彩鲜艳的衣服，甚至系蝴蝶结、穿裙子；有的则喜欢男孩，没想到生了一个女孩，便把女孩当做男孩抚养，给女孩穿帅气的服装，打扮成"假小子"。这样的装扮，让宝宝疑惑："我到底是男孩还是女孩？是男孩，为什么穿这么鲜艳的衣服？是女孩？"有专家指出，父母把女孩当男孩或者把男孩当女孩来养，会人为地造成孩子心理性别上的混乱甚至扭曲，他们会不喜欢自己的生物性别，以相反的性格来发展自己，要求自己。有30%要求变性的人，从小都有这样的经历。

3. 输入型心理 落后的性别教育影响性格定向

传统的育儿观念里，男孩和女孩有严格的界定，包括玩具、游戏、性格、言谈举止都是男女有别的。比如，女孩应该乖巧、听话，性格最好是文静的；而男孩则是调皮、勇敢的，性格应该是坚强的。女孩子应该玩洋娃娃；男孩应该玩玩具枪。女孩应该玩"过家家的"游戏；男孩应该"玩警察抓小偷"的游戏。刻板的育儿方式，压抑孩子对性别的探索心理，反而激起孩子的反抗。这种育儿方式下，男孩不可以看到母亲的裸体，女孩也不可以看到父亲的裸体，如果看到必定让父母气急败坏。另外，3岁以上的孩子会主动探索身体，这是孩子正常的心理发育，比如互相亲吻，或学医生给"病人"作"全身检查"等，却让父母认为是孩子在道德方面出了问题，从而严厉地惩罚孩子。

家长执行方案：帮宝宝建立性别意识

性别意识是宝宝形成自我意识的一个重要组成部分。我们应该承认男孩女孩与生俱来的差异，并且帮助他们形成最基本的性别意识。健康的性别意识可以提升孩子的自尊感，相反，如果性别意识出了问题，又会倒过来降低孩子的自尊。在宝宝开始有了性别意识，积极地探索并认识自己的身体器官时，家长应该帮助引导孩子来认识性别。

制胜绝招一：树立健康的性别榜样

如果家里拥有健康的性别榜样，孩子就能培养起健康的性别认同。

在日常的身体和视觉接触中，宝宝从妈妈身上认识女性角色，从爸爸身上认识男性角色，从父母身上发展对异性的信任。那么家长要注意各自身上的性别差异和性格差异。爸爸不能整天早出晚归，把家务和照顾孩子的任务全扔给妈妈，妈妈感到委屈，孩子也会有相同感受，从而觉得做女性太辛苦。爸爸应该照顾到妈妈，爱妈妈，父母之间的相互尊重、体贴，并坦然地表达爱意，让孩子知道，性别是有差异的，但没有好坏优劣之分。总之，要让男孩子应该为自己是男孩而高兴，女孩子也应该为自己是女孩而自豪。父母则应该让孩子知道，他们对他／她的性别很满意。

> **制胜绝招二：接纳满足孩子的好奇心**

孩子天性好奇，对自己的身体也是如此，所以，才有了抚摸、相互亲吻、偷看爸爸妈妈洗澡等这样的探索行为。很多父母对此大惊小怪，严厉制止，会激起孩子更大的好奇心，还会让孩子对性产生罪恶感和内疚感。所以，家长要接纳并满足孩子对身体的好奇心。在孩子偷看父母洗澡时，趁机教导孩子："妈妈是女人，没有小鸡鸡，你是男孩子，你有小鸡鸡。那么爸爸，是男人，跟你一样有小鸡鸡。"在孩子对妈妈乳房感兴趣时，也趁机教导孩子："妈妈的乳房是储存奶水的，但被你吃光了。爸爸是男的，乳房小，不能装奶水……"打破宝宝对身体的神秘感，可以让宝宝更清楚地认识自己的性别。不过，在孩子 5 岁左右，很多宝宝对性别的认识加深，开始遮掩自己的身体，不好意思让人看到，那么父母也应该遮掩自己身体了。

制胜绝招三：教会宝宝认识自己的隐私部位

家长看到男孩子玩自己的隐私部位就非常忧虑，担心孩子是不是有什么心理问题。其实这也是宝宝探索身体、进行性实验的一部分，孩子通过这一行为在孤独时找到安慰，在无聊时自我消遣。家长发现后不要惊慌，更不要责备孩子，以免让孩子对性产生罪恶感。可以平静地告诉他："手脏脏的，不要摸小鸡鸡，要不然会有细菌感染。"也可以用其他活动来转移孩子的注意力，不让孩子感到无聊和寂寞。这个阶段，应该教会宝宝认识自己的生殖器官，并告诉宝宝，这是隐私部分，每个人都有隐私部位，你不能摸别人的隐私部位，也不能让别人摸你的隐私部位，由此让孩子学会保护自己。

制胜绝招四：灵活引导宝宝发展性别角色

对孩子性别角色的刻板教育，虽然能够让孩子更好地融入同性游戏，但也有很大缺陷。当代心理学家对单维的男性化或者女性化提出了挑战，认为任何一个个体都可以用双性别的特征来描述，一个兼具男孩子的坚定有力与女孩子的善解人意的人，能够更加灵活地适应社会。那么家长也可以让男孩子抱洋娃娃，学会善解人意；让女孩子扮演警察，学会坚强。男孩可以具有细心、耐心、谨慎等传统意义上所谓的女性气质，女孩也可以具有勇敢、坚强、果断等传统意义上所谓的男性气质。这些都是优秀的难能可贵的品质，跟性别没有任何关系。而且每个孩子兴趣有差别，家长没必要按照传统的、固化的模式去影响甚至限制孩子，只要没有发现孩子在性别上的异常表现，就顺

其自然好了。

NO.2　破坏大王——认识事物的特殊方式

　　家里有个淘气宝宝，刚给他买的玩具，就被他弄成了废品；家里只要他能够到手的书，转眼会被撕碎；奶奶的老花镜被肢解，爸爸心爱的花被折断……这样的破坏大王，让家长头疼不已。

　　宝宝是故意喜欢破坏东西吗？当然不是，只要了解宝宝破坏心理背后的原因，再适当引导，你的"破坏大王"的问题就可以解决了。

　　3岁的妮妮是个温和的小女生，很少故意闹脾气，妈妈一直觉得很欣慰。然而，最近妈妈发现妮妮学会了搞破坏。妈妈正在洗衣服，妮妮在一边好奇的观看，突然她就把整包洗衣液倒在了脚上，还说："妈妈，把我脚也洗一洗吧。"早上起来，妈妈要化妆，正聚精会神化的时候，妮妮把护肤水倒出来，妈妈连忙把瓶子扶正，但转眼间，妮妮拿起妈妈昂贵的口红在镜子上涂鸦。这样的事情发生得可多了。

　　周末，妈妈带妮妮到舅舅家玩，跟舅妈说起妞妞的淘气。舅妈笑着说："妮妮这还算好的了，你可不知道我们齐齐，更猖狂。"

　　舅妈把妈妈带到齐齐的房间，天哪，满屋子都是零件，有奥特曼的胳膊，有托马斯的轮子，有超人的头，有火车的半截车厢，有断了脑袋的孙悟空……皮球一个个都变成焉儿，风筝四分五裂。

　　舅妈叹了一口气说："前几天他对门锁特别感兴趣，一定要拿着螺丝刀在锁眼里扎，我知道他肯定每天晚上看他爸爸开门好奇呢，螺丝刀太危险了，就只能拿钥匙给他了。你猜怎么着，他拿着门钥匙去

开卧室的锁眼，只能戳进去一点点，他竟然使劲拧，差点把手指头弄伤。过几天，他拿着柜子上的小钥匙去开防盗门，小钥匙放在那么大的锁眼里，他使劲拧，结果，断里面了。你看，我们家现在没座机电话了吧，前一段时间，他特别喜欢扯电话线，你接一次，他扯一次，最好还是把座机收起来了……"

两个大人正聊着呢，"砰"的一声，舅妈赶紧到阳台，齐齐和妮妮正在捡花盆碎片呢！可怜一盆快要开花的君子兰啊！

专家聊天室：解析破坏大王的心理

宝宝破坏东西的行为，从 8 个月就开始，他们开始喜欢把东西往地上摔，听到东西落地的声音就非常开心。其实，2 岁前宝宝的各种"破坏"的行为并不是在"破坏"，是他们认识世界、探索世界的方式。2 岁之后的宝宝心理就复杂多了，有很多种类型。但宝宝非故意性的破坏行为，应该得到适当鼓励，宝宝在童年这样主动认识世界，对他的成长绝对是益大于弊，这样的宝宝长大后往往更勇敢，好奇心更强，想象力更丰富。

家长要观察宝宝搞破坏的直接原因，根据宝宝的心理类型制定不同的应对策略。

1. 探索型心理　好奇心和求知欲激发动手欲望

宝宝出生后，面对的是与在妈妈子宫里完全不同的世界，声音、光亮、颜色、气味等种种刺激对宝宝来讲都是既陌生又新奇的。宝宝的好奇心、探索欲，是天性。对身边能接触到的一切，宝宝都希望摸

一摸、动一动，甚至试着操作一下。把手中的东西摔地上，是想看看变成什么样，能发出什么样的声响；把自己感兴趣的东西拆开，想看看究竟是怎么回事。撕纸、摔东西，肢解东西，这些不是因为孩子们脾气暴躁、智育不高，这只是他们在锻炼手眼的协调能力，也是他们通过破坏，了解事物内部结构，增加感性认识的一个阶段。宝宝在破坏东西的时候，一方面是享受玩耍探索的过程，另一方面他想看看结果怎么样。当然，结果一定是物品被损坏，可宝宝并不知道物品被损坏意味着什么。

2. 模仿型心理　不顾后果的机械模仿

看到大人做事情，宝宝通常感到好奇，很想自己也试一试。比如开锁、倒牛奶、削苹果等等。他们总是趁父母不注意的时候，机械地模仿大人，由此产生不良后果。比如用爸爸的刮胡刀剪小狗身上的毛，用妈妈的口红在自己脸上画，拿钥匙开门，拿水杯到饮水机接水，拿碗筷吃饭，等等。模仿是孩子的天性，家长无法制止孩子模仿，只能一边忍受宝宝破坏带来的后果，一边想办法怎么应付。

3. 发泄型心　为不良的情绪寻找突破口

别看宝宝年龄小，也有不良情绪需要发泄。比如溺爱宝宝的家长因未满足孩子的要求，孩子与大人赌气，故意损坏东西，发泄心中的愤怒。比如孩子见别人东西比自己的好，产生嫉妒心，破坏别人的东西来追求心理上的平衡。比如，弱小宝宝斗不过"强者"，便偷偷地采取报复破坏，达到心理平衡。还比如，宝宝觉得受到父母的忽视，

心里失落，用破坏东西的方式来引起父母的关注。另外，家长在给宝宝买东西之前，没能征得宝宝同意，买到了宝宝不喜欢的东西，却没有买来宝宝想要的东西，也搞起了破坏。

家长执行方案：应对破坏大王

面对宝宝肆意破坏，很多家长怒发冲冠，斥责，甚至动粗。这是最不明智的教育方式，对此，千万不要粗暴地对待孩子的破坏行为，否则会阻止孩子的探索欲。

孩子在六七个月时，喜欢反复扔东西，这是他在探索因果关系。一岁时，已经能理解事情的来龙去脉，比如按开关电灯会亮。两岁时，看到结果会推理原因。当然，宝宝这一切进步，都是在让家长头疼的基础上学来的。其实，让孩子自由且安全地探索、发现与学习，混乱一点又何妨？

制胜绝招一：有宽容的心态，让孩子自己"善后"

家长首先要理解孩子的行为，而不是站在自己的角度考虑：弄坏了东西好心疼，把家里弄脏了很难收拾。站在自己的角度，家长对孩子只是严厉的斥责，那么很有可能会扼杀孩子可贵的探索精神。所以，一定对孩子保持宽容的心态，理解宝宝这种探索行为。在宽容孩子的同时，应该让孩子必须做的事情，就是"善后"，也就是自己处理乱糟糟的现场，这是在教会宝宝在他力所能及的范围内让他对自己的行为负责。比如想办法把托马斯的轮子装上，把墙上的涂鸦擦掉，把桌子上的水擦干，把玩过的东西物归原位，等。

制胜绝招二：制造破坏环境，保护孩子安全

孩子搞破坏的时候，家长最担心的还是孩子的安全了。首先，给宝宝提供摔不破的东西，尤其是对一岁以内的宝宝，锻炼抓握能力时，并创造一个安全、宽敞的环境，让宝宝扔个够。其次，给宝宝选玩具的时候，选孩子喜欢的玩具，对不喜欢的玩具孩子会恶意破坏。再次，把珍贵的东西收起来，让宝宝接触不到。最后，也是最重要的，把诸如刀、剪或带棱角和坚硬质地的物品收藏好或者放到宝宝够不到的地方。

制胜绝招三：对探索型宝宝鼓励并且参与

孩子"破坏"的过程，是一个手、眼都在活动的过程，对他们思维的发展很有帮助。明白了这一点，家长就不会随意阻止宝宝破坏行为了。尤其是对探索型心理的宝宝，他们好奇自己手里的玩具里面是什么，拆开了之后会变成什么样子，家长更要鼓励，同时要参与，引导宝宝用合理而非粗暴的方式拆开，再帮助宝宝如何恢复原状。当然，破坏的玩具一定要构造简单点，容易拆装。同时，耐心回答孩子提出的关于玩具原理的问题。这样才能让孩子在"破坏"——探究——重建中获得心理的满足。

制胜绝招四：创造条件，引导思考

宝宝在破坏时，家长适当参与。在参与之时，有意思地提一些问

题，引导宝宝思考。比如，宝宝撕纸的时候，家长引导孩子注意颜色和形状的拆分、组合，以此完成他对颜色和图案的认知。拆皮球阀门时，家长引导宝宝思考：皮球为什么一拍就跳很高，如果把气放了，还能跳那么高吗？拆闹钟时，家长可以提问：闹钟为什么会响，为什么会走呢？

NO.3　学会推己及人——培养呵护孩子的同情心

随着年龄的增长，一些宝宝的生活习惯中出现一些不利于性格养成的坏习惯，如自私，不懂得关心他人、帮助他人等缺乏同情心的表现。现代社会，独生子女居多，因为是独生，家中没有同龄伙伴交往，只有成年人的呵护，所以"独"是他们所特有的人格特征，而对其他人其他事就表现冷漠。

宝宝缺乏同情心让家长大为焦虑，深究原因，宝宝自身心理发展趋势和家庭教育有很大关系。

嘉嘉妈妈去幼儿园接嘉嘉时，老师跟她谈话，直夸嘉嘉是个好宝宝。

原来，下午休息时间，孩子们在一起玩乐。突然，一个叫丁丁的孩子摔倒在地上，哇哇直哭。几个孩子都过来报告老师："老师，丁丁摔倒了！"但都没有去扶。老师赶紧过去看，这时候看到嘉嘉走到丁丁身边，把丁丁扶起来，关切地问："丁丁，你疼吗？我给你揉揉好不好？"说着还在丁丁膝盖上揉揉。丁丁还在哭，嘉嘉从兜兜里拿出手纸帮丁丁擦眼泪。

听到老师的夸赞，嘉嘉妈妈也给老师讲了个事情。

一天，嘉嘉和妈妈、奶奶一起逛街。路上看到一个乞丐，乞丐是个残疾人，膝盖以下光秃秃的，坐在地上，面前摆一个纸盒，里面有一些一块五块的纸币。嘉嘉从没见过这样的人，有点害怕地退缩到奶奶身后。奶奶说："乖宝贝，别过去啊，那人多脏啊！"妈妈说："嘉嘉，这人没有了双脚，你说他难过不？"嘉嘉点点头。妈妈又说："这是残疾人，他不能像我们一样想走到哪就走到哪，不能穿漂亮鞋子……"嘉嘉说："妈妈，他好可怜啊！我们帮帮他好不好？"说着从自己包包里拿出五块零花钱，学其他人的样子把钱放进了乞丐的纸盒里。

听了嘉嘉的妈妈的讲述，老师赞许地笑了。这时候在妈妈怀抱里的嘉嘉说："妈妈，把我放下来吧，你工作了一天多累啊，我自己走！"

专家聊天室：解析宝宝缺乏同情心的原因

在心理学角度，同情心是人格需要之一，即扶助需要，也称为慈善需要。同情心是一个人由于对他人的遭遇"感同身受"，并因此与他人产生强烈情感共鸣的心理体验，其具体表现为理解、不忍、关心和亲近等。

要做一个有道德的人，首先要具备同情心，这是能够进行一种积极的社会行为的关键因素，也是人与人之间所有关系的基础。有些孩子在看到别人遭遇不幸时，表现出事不关己高高挂起的态度，孩子长大后这种麻木不仁会严重影响他们的人际交往。

孩子缺乏同情心的原因很多，概括起来有以下 4 种类型。

1. 好奇型心理：探索结果到底怎么样

宝宝年龄小，对事物的理解还没有那么准确，不懂得进行情感的迁移。他们只凭着自己的好奇心来判断某件事或某个事物好不好玩。他们可能看到同伴磕破了膝盖，丝毫没有去安慰的意思；他们可能在路上遇到受伤的小猫，却一脚把小猫踢出去；他们可能看到花园里盛开的花朵，毫不犹豫地攀折；等等。这些行为并不能判断孩子冷漠无情，很有可能是孩子在好奇，不知道眼前的事物和发生的事情到底是怎么一回事，想看看到底有什么样的结果。当然，如果随着宝宝年龄增大，这样的事情一再发生，家长就要注意了

2. 模仿型心理：家长和老师行为的传达

有研究表明，母亲的声音、抚摸、拍打、亲吻，会促进内啡肽的分泌——这是一种当宝宝觉得很舒服的时候在大脑里产生的激素，所以宝宝对妈妈依恋很强烈。宝宝将这些动作视为缓解痛苦的一种方式。这也是亲子之间的交流。宝宝最容易学会的也就是这种，看到别人痛苦，就像通过抚摸、亲吻的方式来安慰别人。这种模仿也为同情心的建立打下了基础。然而，随着宝宝渐渐懂事，有的家长看到别人需要帮助时无动于衷，这其实是在行为上告诉自己的孩子：别人的事情不要管。宝宝与家长之间的情感依赖，让宝宝更容易模仿家长的一言一行，影响宝宝性格发展。

3. 溺爱型心理：高人一等不关心他人

独生子女家庭里，很多家长都子女比较溺爱，样样都围着孩子转，孩子觉得父母是疼我的，不管我要什么，父母总会答应的。孩子很"独"，好吃的一个人独吃，好玩的一个人独玩。家长的溺爱还表现在处处庇护孩子，在他们眼里，孩子的胡闹是聪明，孩子的霸道是有用。这些特殊待遇的孩子在家庭中的地位高人一等，处处特殊照顾，他们习惯于高人一等，必然变得自私，没有同情心，不会关心他人。

4. 忽视型心理：重视智力培养，忽视个性培养

21世纪，中国多是独生子女家庭，独生子女家庭4：2：1的家庭结构让孩子处在家庭中心位置，教养者期望子女将来能出类拔萃，考上一所名牌大学，谋求到一份理想的职业，所以对孩子只重视孩子的智力教育，对于业外活动干涉较多，忽视孩子的个性培养，更有甚者扼杀孩子的创造力。长久下来，孩子和父母之间缺少爱和同情心的交流，与他人之间更难以建立关系，孩子欺负弱者时，家长只会盲目指责，甚至体罚，而后不了了之，这都极不利于孩子身心健康发展。

家长执行方案：培养宝宝的同情心

同情心是宝宝在社会交往过程中最早获得的一种情感反应。研究表明，孩子在婴儿时期就能表现出同情心，比如看到其他婴儿哭，也会忍不住跟着哭起来。一岁左右，孩子能通过面部表情感受到某个人

很痛苦，并且会用自己想到的某种方式来表达一下安慰。最明显的是宝宝三岁之后，对世界有了初步的认识，能将别人的悲哀跟其遭遇联系到一起时，开始理解并富有同情心地去回应。五岁之后，宝宝能够想象出在不同的情境下，别人会有不同的感受，对自己也是这样。

从小培养宝宝的同情心可以为助人、分享、谦让等良好的社会行为奠定了重要基础，使他们成为具有高尚道德情感和良好道德行为的人。著名教育家陈鹤琴先生曾经说过："同情行为在家庭里在社会里是一种非常重要的美德。若家庭里没有同情行为，那父不父，母不母，子不子，家庭就不成为家庭；若社会里没有同情行为，尔虞我诈，人人自利，社会也不成社会了。"

家长可以从以下几方面呵护培养宝宝的同情心：

制胜绝招一：家长做榜样，施以潜移默化的影响

培养同情心的过程需要在孩子的生长环境中营造一种富有人情味的家庭氛围、幼儿园的生活氛围。父母是孩子的第一任教师，要想使孩子有好的品质，首要的是家长应该提高自身素养，更新家教观念。托尔斯泰说："在一个家庭里，只有父亲能自己教育自己时，在那里才能产生孩子的自我教育。没有父亲的先锋榜样，一切有关孩子进行自我教育的谈话都将变成空谈。"家长孝敬老人，孩子才可能孝敬你；家长关心邻居，孩子也会与人为善。那些能够真诚地深切地关心他人、对别人尊重并施以同情的父母养育出的孩子，也会拥有这样的品质。

制胜绝招二：引导孩子关爱大自然

　　悲天悯人是同情心的表现，培养孩子关心同情他人时，也要引导孩子关爱大自然，珍爱大自然的花花草草，关心保护大自然的小动物。常陪孩子到大自然中，享受阳光、雨露，欣赏花草、虫鱼。一方面让孩子感受大自然的美和神奇，让他学会珍惜。另一方面孩子会看到城市里的臭水沟、垃圾堆等，通过与大自然美的对比，让孩子感到了肆意破坏大自然给人类带来的危害，从而懂得保护环境。关爱大自然，培养孩子的同情心、爱心，进而将这种情感迁移到对社会、对更多人的关爱。

制胜绝招三：利用媒介和角色扮演，让孩子推己及人

　　孩子讨厌沉闷的说教，听故事、看图画书、看动画片的情感体验更适合孩子的理解。家长给孩子讲故事、陪伴孩子看图画书和动画片时，在角色人物遭遇"不幸"时停下来，听听孩子此刻的心理感受，引导激发孩子的同情心。还可以问宝宝：假如你是故事里的人，你会怎么办？这种角色扮演，让孩子站在他人角度上感受事情，让孩子抛开自己去考虑他人，也是培养同情心的一种好办法。如果在这些媒介中有负面的东西，家长要及时疏导。

制胜绝招四：随时随地启发保护孩子同情心

　　孩子的同情心在早期只是一种朴素的情感和需要，但这情感和需

要就像刚刚露头的绿芽儿，并不能等同于行为，要将这种情感和需要转化为行为，需要家长启发和引导，让宝宝的同情心成长起来，变成行为习惯。在宝宝的成长环境中，要制造同情心的氛围，引导宝宝主动关心弱者，帮助他人，伸张正义。若宝宝做得很好，家长要赞扬，鼓励宝宝继续保持。家长生病了，不要跟孩子说"没事"，而要告诉孩子你不舒服，引导孩子关心你，给孩子提供恰当的机会来表达同情心。千万不能打击孩子刚露头的同情心，比如在公交车上孩子给老人让座，家长担心孩子受苦就制止孩子让座。类似这样的行为在不知不觉中窒息了孩子心中同情和善良的生长。但引导培养孩子同情心时，要教孩子什么是正义的，可以做的。

NO.4 看到更多彩的世界——呵护宝宝的想象力

三岁以上的宝宝，总是有一些稀奇古怪的想法，让家长好笑又好气。有的家长会顺着宝宝的想象，引导宝宝尽情发挥。有的家长对宝宝天马行空的想象给予冷漠和打击，认为是胡思乱想。

想象到底是宝宝的奇思妙想，还是胡思乱想呢？家长应找出宝宝想象力的心理原因，正确应对宝宝的现象。

敏敏最喜欢妈妈给她买的芭比娃娃，第一眼见到芭比娃娃，敏敏就不放手了，不管在哪儿都要带着它。一次坐公交车，敏敏一定要让芭比娃娃占一个座位，妈妈说什么都不行。这时候上来一个白发苍苍的老奶奶，妈妈就说："宝贝，芭比娃娃都不好意思坐那里了，你看它都不给老奶奶让座位，老奶奶站不稳，一会儿摔倒怎么办？"敏敏

想了一会儿，觉得在理，就把芭比娃娃抱在怀里，把座位让了出来。

敏敏家这个小区里小孩子不多，要么是小婴儿，要么就是上学的孩子，敏敏玩伴少，芭比娃娃就是她最亲密的伙伴。敏敏经常带着芭比娃娃在小区花园里散步，她告诉娃娃，这个是什么花，什么时候会开花，花有多香。遇到不开心的事，她会给芭比娃娃倾诉苦恼。

一天下午，妈妈听到敏敏在阳台上说话："芭比，你说太阳为什么到下午就不热了呢？"隔了一会儿，她又说："嗯，你说得对啊，太阳累了，没有力气给它的火炉里填煤了，火不旺，就不热了！"妈妈走过去："敏敏，在干什么呢？""跟芭比聊天呢。"妈妈想了一下问敏敏："你看到没，那边天空月亮都出来了。""哪个？""那个弯弯的黄色的东西。""哦，就像豌豆角吧。不过前几天你让我看的月亮是圆圆的啊，现在怎么变了？""那你知道为什么吗？""哦，我问下芭比。芭比你知道吗？"敏敏转向芭比娃娃，然后接着说："嗯嗯，就是的，月亮以前是个金黄的大大饼，肯定是被哪个贪吃的家伙给吃了，现在就留这么点了。"

妈妈没有说话，微笑着看着敏敏，她希望自己的敏敏有更多的奇思妙想。

专家聊天室：宝宝想象力来自哪里

想象力是人在已有形象的基础上，在头脑中创造出新形象的能力。伽利略曾说："我无法教他们东西，我只是帮助他们学会发现。"也就是说，发明创造就是在现有形象上创造新形象。所有的宝宝天生就有想象力，想象力是宝宝思维活跃的体现，是抽象思维的基础，而不是胡思乱想。

想象这种心理活动在孩子两岁左右开始萌芽，由于孩子生活经验贫乏，掌握的知识有限，语言水平又低，所以这时期的想象活动只是孩子把他在生活中所见到的、感知过的形象再造出来，想象的内容很贫乏，有意性很差，属于再造想象，是一种低级的想象活动。宝宝这种心理活动究竟来自哪里呢？心理学上概括了以下三种心理原因：

1. 学习型心理 想象力丰富孩子学习

宝宝发挥想象力是抽象思维的基础。他们会在沙滩上堆城堡，用泥团做甜点，用橡皮泥做超人，等等，这都是宝宝在学习形象思维的过程。等到宝宝上学后，这种形象思维能力会有很大帮助，比如用数字代表物体和用字母来形容语音等等。

宝宝玩角色扮演时，是在学习人际交往。他们模仿医生、老师、妈妈等角色，想象这些角色能做哪些事儿。充满想象力的模仿游戏培养孩子对他人的同理心，从而学会公平行事，乐于分享和积极合作。孩子在发挥想象力的时候，需要用到很多的词汇，在角色扮演中还需要跟其他宝宝沟通，这样就能提高宝宝的语言组织能力和人际交流的技能。

2. 发泄型心理 克服恐惧减轻压力

现代社会的孩子缺少玩伴，父母又总要忙工作，孩子独处的时间很多。没有人陪伴的时候，宝宝可能感到难过和恐惧，便在自己的想象世界里畅游，他们想象一个巨大邪恶的床底怪兽，然后勇敢地想象自己是一个圣斗士，可以制服它，那么怪兽也就显得不那么庞大和邪

恶。这是宝宝在发泄恐惧和愤怒。

3. 情感型心理 角色扮演促进人际关系发展

孩子想象的角色扮演是情感发展的需要。通过扮演不同角色，想象在不同地方，发生的不同事情，孩子们可以气愤、惊慌和勇气这些情感。孩子如果想象自己是老师、警察这样的权威角色，他感觉自己也有了权威。这种角色扮演，让孩子能站在其他人的立场上考虑和处理问题，也能够鼓励孩子们体会不同人的感情，促进他们的情感发育。

家长执行方案：丰富宝宝的想象力

爱因斯坦曾说过："想象力比知识更重要，因为知识是有限的，而想象力概括着世界上的一切，推动着进步，并且是知识进化的源泉。严格地说，想象力是科学研究的实在因素。"可见，培养宝宝丰富的想象力有多重要。

家长们不要过分讲究实际与效率，让孩子的奇思妙想受到压抑，限制和束缚孩子的想象力，而应该根据宝宝的年龄特点采取适合自己宝宝的有效方法，提供条件丰富宝宝的生活经验，鼓励宝宝充分发挥想象能力，引导宝宝把自己的生活经验融入到想象活动中。

在培养想象力的过程中，对孩子的想象要给予充分的肯定。但是一定要把那些带有吹牛性质的、搞笑性质的想象及时指出来。对那些想入非非、脱离实际的想象，则要及时纠正。

宝宝的思维会随着年龄的增加而成熟，他们会思考，会理解，会模仿。家长就要及时地给宝宝足够的时间去思考问题，要让孩子自己

去面对问题，学会思考问题，用他们自己的智慧和能力去解决问题。很快家长就会发现，当孩子独立面对问题并解决的时候，他们会很开心，会很自信。独立思考，是孩子丰富想象力的前提，因为只有孩子真正的用脑去思考问题的时候，才是想象力诞生的时候。家长要多多鼓励和引导孩子独立思考。

制胜绝招一：丰富宝宝生活经验，给予想象的自由空间

想象源于现实生活，有了大量的生活经验做基础，宝宝才有想象的源头。家长应在家中摆放一些可以启发宝宝想象力的物品，帮助宝宝想象力的发展。经常带宝宝出去走走，看看不同的事物，丰富宝宝头脑中的意象。比如植物园、动物园、海洋馆之类的地方，引导孩子多看、多听、多感受。在观看的时候跟宝宝交流，启发宝宝想象。宝宝在最初认识事物的时候，总会有自己的独特见解，家长要积极鼓励孩子说出自己的想法。宝宝将想说的说出来，不但是将生活经验梳理的过程，也是将经验在头脑中组织、整理后表达的过程。家长还要给宝宝充分的想象时间，让他们在联想所看到的各种意象时，给予他们自由的时间。

制胜绝招二：续编故事，让宝宝大胆联想

想象力是创造力的前奏，想象越丰富，创造力越强。故事有利于启发孩子无拘无束地进行联想和想象，发展再造想象和创造想象。家长可以借助故事来培养宝宝的想象力。在讲故事时，讲到一定地方就停住，让宝宝来想象一下这之后会发生什么样的情节，促使宝宝动脑，

久而久之，孩子就习惯边听，边动脑筋，发展了想象力。家长还可以供给孩子必要的道具，如面具、餐具等，让孩子进行故事表演，加深对故事的理解。经常这样训练孩子，不但思维敏捷了，想象力更丰富了，解决问题的能力也会提高。

制胜绝招三：角色扮演，玩想象游戏

认知心理学认为，富有启发性、具有开放性的游戏环境，能让幼儿完全自由地感知、接触周围众多的事物，大大激发他们广泛而强烈的好奇心，促使他们展开想象的翅膀。角色扮演可以让宝宝改变社会身份，模仿各种社会角色。他们玩角色扮演的游戏，在游戏中他们可以是建筑师、医生、画家、演员、妈妈，等等，然后利于对这些角色的感性理解，模仿并创造角色的活动。这些角色游戏可以使幼儿创造性地反映现实生活。在游戏中，家长可以提供道具和材料，帮助孩子去感知眼前的事物，从而在大脑中形成新的形象。家长应该作为一个主动的参与者和合作者，与幼儿共同游戏。同时，父母多启发、多引导。

市政绝招四：提开放性问题，少设定标准答案

孩子都有很强的好奇心，喜欢这里动动那里摸摸，很多家长怕孩子弄坏东西或出现差错，就制止孩子；孩子又喜欢提各种奇怪的问题，家长担心打扰自己的事情，就阻止孩子提问题。慢慢的，孩子在家长的限制中变得循规蹈矩。失去想象力翅膀的孩子，怎么能够高飞？家长应该鼓励引导孩子想象。在与孩子沟通时，要注意少用限制式提问，多用开放式提问，不要提出只有一种答案的问题，要提出答案丰富的

问题让宝宝去寻找；更不要设定标准答案，让孩子死记硬背。改变固有思路，才能启发宝宝从不同的角度开动思维。像脑筋急转弯，由于答案的不唯一性，能锻炼孩子的发散性思维。当宝宝问"为什么"时，可能这个问题家长无法向理解能力差的宝宝解释，但答案正确并不重要，重要的是如何启发他的想象力。

NO.5　爱玩垃圾——发展创造力的独特方式

　　许多家长发现宝宝有种怪异行为，热衷于捡垃圾。在家里，总是想在垃圾桶里找东西玩；在外面，总是捡起地上莫名其妙的脏东西，纸屑、糖纸之类的。宝宝这些行为，家长极力制止，换来的是宝宝的大哭大闹，家长感到非常"头疼"。

　　一天，冰冰妈妈带3岁的冰冰到公园玩耍。在马路上，冰冰看到地上有一根冰棒棍，迅速捡了起来，还兴致勃勃地玩，甚至差点放进嘴里。妈妈看到了赶紧制止："冰冰，这是脏东西，上面有细菌的，不能吃，赶紧扔掉！"冰冰好像没有听到妈妈的话，自顾自地翻来覆去地玩，妈妈用手去抢，冰冰紧紧攥在手里。妈妈再抢，冰冰就哭了。

　　有一次，冰冰从幼儿园回来，妈妈在整理她书包时发现里面装了很多奇怪的东西，有糖纸、塑料珠子、瓶盖、易拉环。这到底是什么东西嘛！妈妈问冰冰："你这装的都是什么破玩意儿？脏不脏？"说着就把那些东西给扔掉垃圾桶里。冰冰大叫："妈妈是个大坏蛋！"然后在垃圾桶找那些"宝贝"。

　　爸爸下班回来后，妈妈告诉他冰冰这奇怪的行为。爸爸听了说：

"不要担心，这只是她好奇罢了，等她玩够了，自己就会扔掉的。你经常给她洗手就行。"

一天下午，妈妈迟了半小时去幼儿园接冰冰。到幼儿园门口，妈妈发现其他孩子都走了，冰冰一个人蹲在地上玩什么东西。妈妈喊："冰冰！"冰冰抬起头，好像受到惊吓似的呆呆地蹲在那里。妈妈跑过去一看，原来冰冰在摆弄垃圾。她气机了，大喊着："人呢，有人没？"这时候一个老师从房子里出来。"你们怎么回事，我不就晚来一会儿吗？都不给我看孩子了？！你看孩子在玩什么！脏兮兮的！"老师连忙道歉："不是的，我刚一直跟冰冰在等，可是她非得玩这些东西，不让玩就哭，我没办法啊……"

专家聊天室：解析宝宝玩垃圾背后的心理原因

宝宝好奇心很强，喜欢摆弄、观察、欣赏一些事物，这些事物中就有被大人认为的"垃圾"，但却是宝宝的"宝贝"。宝宝捡垃圾其实是一个用手去探索世界的行为。经过口腔敏感期，宝宝开始用手去感知世界，感知不同形状，不同质量的东西。一些细小的"垃圾"也是宝宝关注的对象。玩这些东西，虽然不卫生，可能还有被吞进嘴里的危险，但却能很好地锻炼宝宝的手眼协调能力。

家长们都不喜欢宝宝玩这些脏东西，但宝宝玩"垃圾"也有自己的道理。

1. 思维型心理 自我思维促进孩子创造力发展

孩子的思维与成人不一样，他们通过游戏、玩耍来锻炼思维和创

造力。在他们眼里，物品没有高低贵贱之分，只有喜欢与不喜欢的区别。那些被丢掉的东西，在孩子看来是可以用的东西。而且很多时候，这些"宝贝"甚至比买来的高级玩具更能激发孩子探究与活动的兴趣，摆弄起来也更有乐趣。玩垃圾有利于孩子智商的发展，尤其有利于孩子创造力的发展。在美国，人们都相信这样一句话：小孩子的创造力是从垃圾箱开始的。有个叫华莱克的小孩子，从小喜欢玩垃圾，他在垃圾桶里找材料、找灵感，12岁时参加了美国"垃圾变宝物"的设计发明大赛，结果获得大奖，赢得了一台手提式计算机和1万美元的奖金。

2. 认知型心理 捡垃圾是认知自然的方式

宝宝玩耍的垃圾中有一部分是大自然的垃圾，比如树叶、草根等。他们玩这些东西，说明他们在用心观察生活、发现生活。通过玩大自然的垃圾，是宝宝亲近大自然、了解大自然的好机会，可以增强他们对自然的感知力。

3. 娱乐型心理 "垃圾"是天然界赐予的玩具

日本古代有句谚语：不给小孩玩水和土，就会生出虫子来。孩子最早的天然玩具就是沙子、泥土和水。这些在大人看起来脏兮兮的东西，却是孩子眼里的宝贝。他们用沙子堆城堡，用泥土捏小人或动物，在玩的时候，头发里是沙子泥土，嘴巴里是沙子泥土，全身脏兮兮，但是他们很快乐。他们在玩耍天然玩具的同时，发现了创造的乐趣。对于现在生活在钢筋水泥制成的高层公寓的孩子来说，

这已经是种奢求。

家长执行方案：让宝宝在垃圾中玩出成绩

孩子玩"垃圾"并非一件坏事，但是垃圾的卫生情况让家长不得不防。家长如何做，才能既满足宝宝玩垃圾的要求，又不让宝宝受到细菌的危害呢？

制胜绝招一：保证"垃圾"对孩子安全无害

孩子玩垃圾，家长要在保证垃圾安全无害的前提下鼓励孩子去玩耍。孩子收集的一些垃圾，家长应该过目，引导孩子哪些是危险的，比如，塑料袋不能套在头上以防窒息；小颗粒不能塞进嘴里，等。还应该制定规则，哪些东西是不能捡的，且任何时候都不许从地上捡东西放在嘴里，规则一定要坚决执行。卫生也是家长来把关的，孩子玩垃圾时绝对不能把手放进嘴里，玩结束后立即要洗手。在外面，绝对不能让宝宝去垃圾场这样的地方玩耍，那里有碎玻璃类和腐烂变质的东西对宝宝危害很大。家里垃圾桶里也不能放置这样的东西，如果有这样的垃圾，立即拿出去扔掉。

制胜绝招二：帮孩子树立"脏"意识

有统计显示，有捡脏东西吃的宝宝，都是模仿家人，他们家的家人大多有食物掉在地上，捡起来塞自己嘴里的做法。在日常生活中，难免会有食物掉到地上的情况，家长可以告诉宝宝，食物脏了，然后

立即去清洗。如果是面条米粒儿之类的东西，掉地上就一定扔到垃圾桶，并告诉宝宝：这很脏了，吃了会拉肚子。出门之前，家长可以准备塑料袋和瓶子，帮助宝宝对垃圾进行分类，等到回家后跟宝宝清洗一遍，再引导宝宝变废为宝。

制胜绝招三：树立卫生和环保观念

孩子拿脏东西玩，正是家长对孩子进行卫生和环保教育的好时机。让孩子分清自然产物和人工产品，大自然的垃圾就随孩子玩，人工产品就要明确地告诉宝宝：这是被人丢弃的，这样做影响了环境卫生，给清洁化境的阿姨制造了麻烦，宝宝以后不能随意丢弃不用的东西。

制胜绝招四：制造"垃圾"，转移注意力

外面的垃圾不卫生，既然宝宝这么爱玩垃圾，家长不妨制造一些垃圾给孩子玩。家长可以专门找一个干净的垃圾桶，里面放一些东西，让宝宝玩耍。带宝宝出去玩的时候，走在宝宝前面，相隔适当的距离扔一些小珠子在地上，宝宝对这些细小的东西感兴趣，就不去捡拾其他的脏东西了。宝宝还处在用嘴巴感知事物的阶段时，妈妈如看到宝宝把垃圾往嘴里送，要及时用宝宝感兴趣的事物分散他的注意力。

第四章

塑造孩子的性格养成

　　性格是一个人的人格特征，它具有稳定性和独特性，性格一般通过行为或语言作为表现形式。性格的遗传成分很少，它是由后期生活环境和教育环境所决定的，初生幼儿的性格极具可塑性，随着年龄的增长，一个人的性格便会趋于稳定，定性之后很难有所改变。

　　初生幼儿的性格多是由家庭环境中定性的，所以家庭教育对一个人的性格养成起到决定性的作用，教养者要从小培养孩子良好的性格，因为这关乎他们一生。

　　那么，我们的家庭教养如何才能积极地影响孩子性格长成？

NO.1　事事争第一——好胜心的典型表现

期望比别人更优秀，是孩子正常的心理，是好胜心的体现。在好胜心的驱使下，有的宝宝战胜困难，把对手甩在后面，成为佼佼者；有的宝宝付出很多努力却换不来好结果。

很多家长就感到困惑，我们家宝宝好胜心强是好事还是坏事呢？这就要从宝宝好胜心强的原因分析中找答案了，家长是否合理引导宝宝好胜心的发展了呢？

俊俊才3岁多，就显示了很强的好胜心。一次，爸爸妈妈在谈事情，让俊俊在一边看书。不一会儿，俊俊宣布："我会读书了！"妈妈知道俊俊肯定是把书从头到尾翻过去了一遍，想得到表扬了，也就自豪地抱起俊俊："我们俊俊真棒，都会读书了！"俊俊一脸得意的表情说："丫丫可笨了，还不会读书呢！"

读了幼儿园后，俊俊更表现了他的好胜心。幼儿园每次的作业，俊俊一定会认真对待，回家认真写，不会的就问妈妈，希望次次都得大红花；每次园里搞活动，俊俊都第一个参加，非常卖力地表演练习。经过努力，俊俊成为幼儿园里的风云人物。到上大班时，几乎园里每

个孩子都知道有俊俊这个小朋友，老师们都说："小朋友都要向俊俊学习哦，次次得大红花！"爸爸妈妈对俊俊这样上进也感到高兴。

然而没多久，爸爸妈妈就高兴不起来了。在家里有时候玩一些小游戏，俊俊一定要赢，如果输了就大哭大闹，摔东西。一次幼儿园举行跑步比赛，俊俊对跑步并不拿手，没有拿到第一，回到家后就伤心地哭，还说讨厌那个得第一的小朋友。还有一次，班里进行速算比赛，俊俊因为太着急了，算错了一道题，尽管没有拿到满分，但也是第一名，可是俊俊还是很难过，回家害怕地问妈妈："我没有得满分，爸爸会不会不高兴？"

好胜心太强的俊俊，总是这样苛刻要求自己，越来越不开心，脸上有与他年龄不相称的忧虑。妈妈很苦恼，她告诉俊俊："爸爸妈妈不要求你事事都拿第一，只要你快乐就好。"可是俊俊却说："别人能拿第一为什么我不行，不能拿第一我高兴不起来。"

专家聊天室：解析宝宝好胜心强的心理原因

好胜心是宝宝学习的动力之一，适度的好胜心表明宝宝有上进心。然而过强的好胜心却是一种心理问题。争强好胜，往往仅仅是贪图胜利或成功"心理优势"，或者是出于对失败和落后的恐惧。好胜心太强，引起孩子产生嫉妒、自卑等心理，影响孩子人际关系的发展。

心理学上把孩子好胜心过强归结为一下几种类型。

1. 溺爱型心理：自我意识膨胀唯我独尊

孩子好胜心过强，溺爱是主因，家长舍不得子女受委屈，在孩子

遇到麻烦时一个箭步冲上去，为孩子构筑防护网。家长过分溺爱，事事以孩子为中心，一方面让孩子自我意识膨胀，唯我独尊，过分自信，觉得自己任何时候都是优秀的。另一方面，让孩子没有机会经历困难和解决困难，一帆风顺的环境，使得孩子缺乏适应力和抗挫力，等到了有竞争力的环境中，一旦竞争不过，好胜心强的孩子，一时无法适应这样的失败而选择耍赖、逃避、退缩、放弃。

2. 认可型心理：为得到父母认可而去努力

希望得到鼓励、肯定和赞扬，这是人与生俱来的心理曙光。家长对孩子期望过高，不管经济条件如何，恨不得让宝宝学习所有的技能，并固执地认为这一切都是为了让他的未来过得更好。父母的完美主义要求，让孩子承担巨大的压力。孩子在这种压力下，为取悦家长，得到家长认可，去面对自己能力所不及的要求，但又担心自己做不到会让家长失望，遭到家长的指责和挑剔。孩子无法正确认知自己，就在于父母对孩子的认可不够，所以孩子认为只有在别人面前表现自己才能证明自己是好的是优秀的，也就是想从别人身上作出对比来体现自己的好与优秀，从而获得父母或别人更多的认同。

3. 受挫型心理：害怕面对失败和落后

引起孩子好胜心强的很大一个原因是孩子的受挫心理。一方面，家长总是挑剔孩子，孩子在家长那里收获的都是受挫感，必然要在别的地方获得心理上的满足或是承认。另一方面，有的家长一直奉行赏识教育，让孩子从小在赞美中成长，缺乏合理的批评和必要的惩罚，

心理很脆弱，他们害怕失败和落后，就拼命表现自己，争取事事第一，而一旦得不到第一，就感到失落、痛苦。俊俊之所以在长跑比赛后难过，就是害怕落后，害怕维持不了自己事事第一的形象。

4.竞争型心理：在比较中找到自己的价值

很多孩子好胜心强，总希望自己处处超过别人，这是无可非议的。孩子在自我意识发展到一定水平之后，会逐渐喜欢在有意无意的横向比较中确认自己的本事和价值，这就是竞争意识的来源。3岁之后的宝宝竞争意识已经很明确了，他们不断跟别人比较：是第一名还是最后一名，是快还是慢，是赢还是输。每一次学习，每一个游戏，都成了孩子们的竞技场。合理的竞争是孩子上进的体现，但有的孩子过分重视竞争结果，造成孩子好胜心过强。另外，家长和老师不经意间给孩子的暗示：孩子表现好了就高兴，表现不好了就不高兴，以成败论奖赏，久而久之，为了奖励，孩子也变得争强好胜。

家长执行方案：合理引导宝宝的好胜心

好胜的性格是一把双刃剑，可以让孩子积极进取，力争把事情做好，也可以让孩子缺乏宽容心，形成自我封闭、孤僻、不合群的人格。好胜心过强一定不是好事，家长要教育孩子，帮助孩子正确认识自己，不能以华而不实的东西作为追求的目标。

家长如何疏导孩子的好胜心呢？如何帮助孩子把过强的好胜心转化为积极的上进心呢？

制胜绝招一：家长合理教育，适当爱适度严厉

　　家长对孩子往往有两种极端，要么过分溺爱，要么过分严厉。过分溺爱，易造成孩子过分自信；过分严厉，易造成孩子缺乏安全感。这两种方式都会激起宝宝不合理的好胜心，要么狂妄自大，觉得自己就是老大，要么非常在乎输赢，以获得家长认可。家长应该改变教育方式，溺爱型家长要放手让宝宝自己面对困难，让他明白天外有天人外有人，拿不到第一是很正常的事。严厉型家长应该对孩子付出温柔的爱，不要拿别人家孩子来比较，不要总挑剔自己孩子的缺点，要让孩子明白：你也有自己的长处，绝对不比别人差，不管你是否优秀，你都是爸爸妈妈的好孩子，爸爸妈妈永远爱你，孩子便不会那么辛苦地为拿第一来取悦家长了。

制胜绝招二：帮助孩子克服弱项，鼓励进步

　　家长首先要明白自己的孩子不可能是最优秀的，然后要帮助孩子正视自己的不足，让他明白：每个孩子都有自己的短板，拿自己劣势与别人优势比较，容易造成因自己没有信心导致嫉妒他人，这是一种不良情绪。明确了不足，家长要给孩子鼓劲打气，帮助孩子在弱项上取得进步。并且引导孩子不要把"结果"作为唯一的关注重点，不管是输是赢，只要孩子勇于尝试，并且付出了努力，那就是最大的进步。同时，家长不能当别人面议论孩子的不足，更不能给孩子贴上"笨""记不住""静不下来""忘得快""听不懂""不喜欢学"等等标签，

这样会走向好胜、自信的反面——自卑，而自卑、胆怯是儿童发展最严重的心理障碍。

制胜绝招三：合理表扬，引导正确竞争

为防止孩子缺乏自信心，很多家长采取赏识教育，即用鼓励、表扬的方式对待孩子。但这种赏识一定要适度，不可以夸大其词，以免宝宝养成好胜心过强的心理，要让宝宝明白，比自己优秀的人大有人在，不如自己的人也存在。这种正确的自我认知，让宝宝以平和的心态参与竞争，建立正确的成败观，在对待别人的成功时，不气馁，不嫉妒，正确下一次自己也能成功。好胜心强的宝宝，往往自尊心、虚荣心都很强，家长可以适当利用他的虚荣心、自尊心激励他的合理竞争意识，应该告诉孩子，你希望得到表扬，别的孩子也希望得到表扬，大家都在努力，这次很有可能你获胜，也有可能是别人获胜，但不要为了得到表扬而去努力，而是你发自内心喜欢这项活动，这才是让我们骄傲的好孩子。这样一来，孩子既希望自己获胜，也能在心理上容纳别人的成功。

NO.2 虐待小动物——纠正孩子的残忍行为

宝宝抓到昆虫，就拔去翅膀，扭断脖子；看到小猫，就扯猫尾巴，折断猫腿；看到小狗，就把狗一脚踹到河里……家里有一个残忍的宝宝，家长岂会不担心。

　　很多家长不明白，不谙世事的宝宝为何会有这些残忍行为，天性善良的宝宝到底出于什么心理才会做出这样令人不解的"恶行"？

　　下班路上，妈妈看路边摊有卖小乌龟的，有大的，有小的，还有彩色的，真是可爱。喜爱小动物的妈妈，就给快4岁的东东买了一只原色的乌龟，一只彩色乌龟。

　　带回家时，奶奶已经把东东接回家了。妈妈高兴地喊："东东，快来看，妈妈给你买什么东西了？"东东打开塑料袋一看，很不以为然："真难看，这是什么东西啊？"妈妈一边找地方给小乌龟安家，一边回答东东："可爱的小乌龟啊！"没有能放乌龟的鱼缸，妈妈就暂时把它们放在盆子里。之后，东东就蹲在盆子旁边看乌龟。

　　第二天早上，妈妈有事要早点去单位，六点钟就出门了，一直到晚上八点钟才回到家。奶奶叹口气说："你快去看你的乌龟吧，东东把两只乌龟眼睛都给戳烂了！"妈妈脑袋轰的一声，有点晕："怎么可能？东东有那么残忍？"说着就去卫生间看，两只乌龟缩在壳里，东东正用烧烤用的竹签使劲戳乌龟的壳。

　　妈妈沉声喊："东东你在干什么？"东东回过头，笑嘻嘻地说："乌龟壳真硬，我都戳半天了，还戳不透！"看他的态度，他应该是好奇吧，不是故意的。妈妈舒了一口气，蹲在东东面前说："宝贝，壳就像它们的房子，能保护它们。你这样对待乌龟，它们会疼的。"

　　周末到了，妈妈带东东到姨妈家玩耍。妈妈跟姨妈在一起聊天，东东跟5岁的表哥在阳台玩耍。过了一会儿，表哥开始哭："你真坏！你是个坏蛋！"两个大人忙过去看，眼前的景象让她们惊呆了：窗户上挂着画眉鸟笼，东东站在椅子上正使劲撕扯画眉鸟的羽毛，地上都是羽毛。

　　这样的残忍行为让妈妈不得不重视，她只好抱着东东去做心理咨询。

专家聊天室：解析宝宝残忍行为背后的心理原因

心理学研究表明，当人类个体遭遇心理压力和挫折境遇时，他的攻击性行为就会被激发出来。孩子虐待小动物的行为，实际是孩子心理障碍的行为化表现，孩子这样做是为了发泄心中郁闷、缓解紧张情绪。

幼儿时期是人格形成的关键时期，如果宝宝多次有这样的残忍行为，说明他内心积怨，在人格建构过程中就不会是积极向上的，长大后容易形成反社会型人格，抗挫折能力差，没有同情心和宽容心，人际交往困难。

宝宝残忍行为到底是出于什么心理呢？

1.好奇型心理 好奇心和探索欲催生残忍性格

宝宝对一切新鲜事物感到好奇，在好奇心的驱使下，就主动去探索，想看自己这样做，会产生什么样的后果。有些宝宝对待小动物的残忍行为，就是出于好奇心，孩子看到小鸟，他们想知道，把小鸟的羽毛拔掉，小鸟还能飞吗？看到小乌龟，他们想知道，戳掉小乌龟眼睛，小乌龟会流眼泪吗？这一系列差异的行为理所当然的被人们贴上"残忍"的标签。

2. 模仿型心理 学习模仿是孩子拓展认知的途径

现代社会科技发达，对孩子的影响因素更多。电影电视里关于残酷、凶杀的故事，暴力镜头，让孩子看到后，就会模仿。即使是动画片，也会有血腥场面，而动画片里超现实的东西，比如被打死之后又活过来了，更容易让孩子模仿。还有游戏，父母工作忙，孩子没有人陪伴，就沉浸在游戏里，虚拟的场面凶杀镜头很多，让孩子在现实中开始模仿。弱小的小动物，就成了孩子们模仿实验的对象。

3. 压抑型心理 情绪长期压抑会导致性格异常畸形

孩子的残忍行为往往是其心理上受到压抑的一种表现。他们缺乏家庭里温暖的爱，可能是家庭不和睦，也可能是家长暴力教育。比如父母感情不和，经常吵闹、闹离婚而置孩子于不顾，比如孩子与继父或继母生活在一起，得不到应有的爱，比如父母性格暴躁，动不动对孩子拳脚相加。生活在这样家庭里的孩子，常感到孤独、压抑，易产生发泄的冲动，他们借助伤害小动物来暂时消除内心的不满情绪和压抑感。并逐渐形成在恶作剧中寻求刺激的心理。另外，孩子受到不公正待遇时，心理难过但没有能力反击，只好欺负弱小的动物，来寻求心理平衡。

4. 自卑型心理 长期被歧视会导致孩子性格缺陷

自卑感和受歧视感也是使孩子产生残忍行为的原因之一。有的孩

子家境不好，穿着破旧，引起同伴的嘲笑；有的孩子长相难看，老师和同伴都不喜欢；有的孩子有生理残疾，被他人看不起；再婚家庭的孩子，受到继父或继母虐待；等等。这些原因让孩子心理上感到低人一等，产生了自卑感、受歧视感，觉得谁都比自己强大，为了消除内心压抑，寻求畸形心理平衡，他们转向欺负小动物，表明自己是"强大"的。

家长执行方案，正确引导缓解孩子的消极情绪

宝宝的残忍行为是对家长的一个警告：对他的爱是否不够？教育是不是出了什么问题？宝宝在幼儿园是不是遇到了什么事？

了解宝宝残忍行为背后的心理原因，家长们应该寻找源头，根据原因对症下药，尽早纠正宝宝残忍行为，让宝宝拥有一个健康的人格。

制胜绝招一：针对好奇型宝宝，加强动物知识教育

3岁以前的宝宝有残忍行为，大多是由于好奇心和求知欲而引起的。对此，家长不能忽视，可以带孩子到自然博物馆，帮孩子制作昆虫标本，制作动物模型等，让孩子多了解一些有关动物、机械的知识，将孩子的好奇心和求知欲引导到正确的轨道上来。可以带孩子到动物园，多看看小动物，从小培养他们热爱动物的良好意识。在家里养一只小动物，让孩子来照顾饲养，在劳动中付出爱心，切身体会到小动物的感受。

制胜绝招二：针对模仿型宝宝，禁玩暴力游戏看血腥镜头

家长不要把电视和游戏当做孩子的保姆，应该抽时间多陪孩子，以防他们看到不应该看到的血腥镜头，对心灵造成影响。更不应该让孩子玩暴力游戏，孩子对生命的概念不明确，游戏里虚拟的生命，让孩子觉得生命像游戏里一样是可以续的，这对孩子认识世界认识事物非常不利。

制胜绝招三：爱的家庭教育，让孩子学会施爱

对小动物缺乏爱心的孩子，一定是自己也缺乏爱。那么家长应该拿出充分的时间和足够的爱，为孩子创造一个和谐的家庭环境气氛，使孩子体验到家人对自己的关心、爱护，感受到父母的慈爱。同时父母之间要互敬互爱，为孩子树立爱的榜样。如果孩子从小托人带养，更要从感情上给予补偿，而不是物质上。对孩子足够的爱，孩子也会对世界施与爱。感觉到自己身边充满爱，孩子就会感觉到安全，心态会积极美好，对外界也是亲善友爱的。同时，要培养孩子的同情心，让他们亲身体会弱小者的不幸，主动去帮助弱小者。

制胜绝招四：帮助宝宝缓解压力发泄负面情绪

家长要多倾听孩子的心声，站在孩子的角度思考孩子的心理。在家庭教育上和幼儿园教育上寻找原因，看宝宝为什么会有压力感，为什么会自卑，开始纠正自己的行为。然后最重要的是帮宝宝缓解心理

压力发泄负面情绪，比如，带宝宝出去散步、做一些蹦蹦跳跳的运动；给宝宝一支画笔，让宝宝涂鸦玩；把宝宝抱在怀里，陪宝宝静静地坐着。等等。家长要想尽办法让宝宝疏泄不良情绪，一定是宝宝能够接受的方式。

NO.3　赢得起输不起——培养孩子抗挫折能力

每个孩子在长成的历程中，都会经历独立性差、依赖性太强，完全受不得半点挫折等软弱历程。家长想放开手让他吃点小苦头，又舍不得，想让他经历挫折，又怕影响孩子心理，这恐怕是现在的家长普遍忧虑的事了。

因为不舍，多数家长都会帮助孩子处理一切事务，才让孩子以为万事会如自己意，可之后一旦遇到小困难，孩子完全没有抗挫折容忍力，极大地阻碍了良好的性格养成。

滨滨的爸爸妈妈都是军人出身，他们想不通自己5岁的儿子怎么一点都没继承父母的顽强勇敢的品质，反而心理脆弱，遇到困难就退缩。

就说说下棋吧，爸爸爱下棋，经常和战友、邻居在家里下棋，滨滨是个好学的孩子，在一旁观看，5岁了棋艺已经很不错了。每次和爸爸下棋，他总是小心翼翼，爸爸不想打击滨滨自信心，就一直让着他。直到一次，爸爸觉得不能总让着他，所以滨滨输了。谁知道滨滨竟然把棋子乱扔一通，坐在一旁抽泣。气得爸爸都想动手打。

一次幼儿园老师告诉滨滨妈妈，说滨滨在幼儿园跟其他小朋友打

架。原因是老师鼓励孩子自己去厕所小便，就说谁先到厕所，就会给谁一朵小红花。孩子们赶紧往厕所跑，滨滨和一个叫浩浩的孩子先到，到底谁第一呢？两个孩子想了想，就一致用石头剪子布的方式来决定。结果滨滨输了，他很不服气，对着浩浩的胸口就是一拳，两个孩子抱着打起来。

还有一次，滨滨和邻居小朋友果果在家里玩积木，滨滨说要拼坦克，果果说要拼汽车，两个孩子专心致志地拼着。很快，果果的汽车先拼好了。滨滨看到自己不如果果拼得快，一生气就把自己拼的和果果拼的都推倒了。想到爸爸警告过说不能打人，他就坐在地上大哭起来。

这孩子怎么这样的性格呢？爸爸妈妈不知道怎么教育才好。

专家聊天室：宝宝输不起背后的心理原因

宝宝输不起，是因为对挫折的承受能力太差。研究表明，幼儿抗挫折能力存在极其显著的年龄差异，表现为随着年龄的增长而不断增强的发展趋势。

宝宝2岁起有独立性要求，在独立活动时，一旦遇到突发特殊情况事件就很容易产生不安情绪，产生挫折感。3-4岁时，能在成人的鼓励与帮助下学会忍耐和排解一些生活领域的挫折。4-5岁时，宝宝面对挫折常表现为退缩、着急、尝试或请求帮助，通常对学习领域挫折的承受力明显低于生活领域的挫折承受力。5-6岁年龄段的幼儿在面临挫折时，表现为逃避、坚持尝试或请求帮助，对学习和交往领域的挫折能够坚持尝试。

幼儿期是形成独立人格的关键期，如果不能教育宝宝正确面对挫

折，将会影响宝宝的一生。

1. 自我型心理 中心优越感扼杀抗挫折力

独生子女是家庭的中心，一家人事事时时都围绕着孩子转，孩子受到过多的关注，自以为是地产生了"自我优越"心理。因为有优越感，所以总想让大家的目光集中在自己一个人身上，一旦遭遇失败，受关注的不是自己，被称赞的也不是自己，便会发脾气或畏缩逃避。他们十分在乎输赢，连小小的游戏都输不起，遇到看起来有点困难的事，他们觉得自己可能做不好，那还不如不做，连常识都不愿意。又由于家长任何事都满足孩子，让孩子觉得任何东西都能轻而易举得到，一旦得不到他们就很难接受。这种以自我为中心的孩子，缺少抗挫折的体验和原动力。

2. 回避型心理 家长代替包办弱化孩子克服心理

现在的孩子都是"小皇帝"、"小太阳"，孩子能做的事情家长舍不得让孩子做，孩子要面临困难就挺身而出帮孩子扫除障碍。避免让孩子吃苦，避免让孩子受挫，家长就包办代替，没有实践机会，没有经历挫折的机会，久而久之，幼儿就会缺乏克服困难的心理体验，不管是生活上还是学习上都形成了依赖性。他们一旦遇到问题和困难经常会不知所措，无能为力，不敢去面对，还容易产生畏惧、退缩、抑郁、失落等情绪。

3. 刺激型心理 家长期望过高至孩子患得患失

大多数家长都希望孩子成龙成凤，在孩子出生起就对孩子寄予了厚望，甚至希望把孩子培养成"神童"。为了达到自己的期望，对孩子要求十分严格，还常常对孩子提出一些不切实际的目标要求。比如让一个3岁的孩子去画人物像，他肯定完成不了，因为他还处于涂鸦期。家长害怕孩子得不了第一，给孩子报各种各样的班。他们告诉孩子，你一定可以拿第一名。所以孩子非常努力，事事争强，赢得起输不起。他们担心达不到父母的期望，担心父母不再爱他。而且有的家长在孩子遭遇挫折后，或嘲笑孩子，或责怪孩子。让孩子养成了患得患失的心理，无法接受失败。

家长执行方案，适当进行挫折教育

现在的孩子娇生惯养，受不得丁点儿的困难，这对他们的成长非常不利。家长应该认识到，必须要对孩子进行适当的挫折教育了，让他们经历挫折，经历磨练，让他们懂得如何正确对待挫折、失败和困难，从而提高环境的适应性和对挫折的心理承受能力。

制胜绝招一：正确理解挫折教育

大多数家长意识到必须对孩子进行挫折教育，可对挫折教育的理解并不正确。有的家长人为地为孩子设置障碍，对孩子"针尖对麦芒"地打击。其实这种方式会起到反效果，会让孩子更害怕去挑战，连尝

试的勇气都没有了。尤其是对一些心理脆弱的孩子，他们本身需要爱，需要鼓励，得到的却是打击。其实，挫折教育要做的仅仅是还生活的本来面目，顺其自然地让孩子明白生活中的顺逆、苦乐。学龄前的孩子会经历很多个第一次，家长支持帮助孩子自己去面对就行。不要为孩子铺就坦途，更不要一味制造坎坷，陪伴孩子成长，这才是挫折教育的真正含义。

制胜绝招二：尊重孩子个别差异

　　每个孩子都是独立的个体，个性迥异，不能一概而论，要根据自己孩子的个性进行挫折教育。如果孩子是"不能赢就不玩"的不妥协型，也就是长期处在佼佼者位置，家长就不能让孩子永远立于不败之地，给他们一些输的经验，千万不要煽风点火，鼓励孩子一定能拿第一；如果孩子属于既期待又害怕受伤害的怕输型，这种心理脆弱的孩子，需要的是爱，是鼓励，是支持，家长不要用高标准来要求他们，要鼓励孩子完成任务，循序渐进，一旦看到了进步，一定要大声表扬孩子，让他们愿意努力，学会不轻易放弃。

制胜绝招三：让孩子理解成功与失败的定义

　　很多情况下，给孩子带来最多打击的往往不是失败本身，而是她对失败的理解。他们认为，失败了父母就不爱我了，老师就不喜欢我了，同学们也觉得我没用不跟我玩了。失败是很丢人的一件事，以后就不能抬头做人了。家长应该用浅显的语言告诉孩子什么是成功：成功是把一件事情尽心尽力地完成，而非把别人打败；而只要你完成了一件

事，即使没有拿到第一名，你也是成功的。还要告诉孩子什么是失败：失败就是没有达到预期目标，但我们可以从中获得经验，能够在下一次避免犯这样的错误，就能达到预期目标了。

制胜绝招四：要激励孩子做力所能及的事

自理能力差的孩子不经历磨练，通常抗挫折能力差。有这样一句话："穷人的孩子早当家。"那是因为穷人家的父母对孩子的事情不包办代替，孩子从小就学会了自己照顾自己，力所能及的事情可以自己做。在琐碎的事情中，孩子能够自己完成，可以增强他做事的信心。所以，现在的家长要鼓励孩子自己的事情自己做。在孩子遇到问题时，家长一定要稍稍克制"想帮他一把"的冲动，给孩子一个了解挫折的机会。

NO.4 杜绝孩子说脏话——净化孩子的语言

随着孩子一天天长大，语言能力提升很快，突然有一天家长听到了孩子嘴里说出了脏话。家长震惊又疑惑，教给他那么多正面的东西，学起来那么艰难，怎么脏话那么容易就学会了？有时候，家里来客人，免不了逗逗孩子，孩子却张口骂人，真是难堪。

这天，皮皮妈妈到幼儿园接3岁的皮皮，看到屁屁从教室出来，妈妈大喊："嘿，宝贝儿！"谁知道屁屁竟然这样回应妈妈："嘿，小妞儿！"妈妈大吃一惊，走到皮皮跟前阴沉着脸问："谁教你说脏

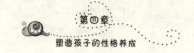
话了？"看到妈妈生气的样子，皮皮更得意了，没有说话，然后一蹦一跳地走在妈妈前面。

一天早上，皮皮在吃饭。奶奶说要看看报纸，可是怎么都找不到自己的老花镜了。皮皮一边吧唧着嘴，一边轻轻地说："真是个笨蛋老太婆！"全家人都被震惊了，爸爸严厉呵斥："说什么呢？怎么这样说！快给奶奶道歉！"皮皮哪里知道说这话就要道歉啊，他吐了吐舌头。奶奶生气地问："皮皮，是谁教你这样说的？"然后还看了妈妈一眼。妈妈心想：这小家伙说这话，奶奶肯定以为是我教的。果然，当天下午，奶奶就回老家了。

经历这件事后，妈妈对皮皮的管教更严了。通过与皮皮的谈话，她知道皮皮并不知道脏话到底什么含义，只是偶尔听到了，觉得好玩，就尝试着用一下。那么皮皮到底在哪里学会脏话的呢？妈妈想起了皮皮爸爸一次骂自己是笨蛋，可能皮皮就学会了。说不定他还学到很多脏话呢，只是现在没说出来而已。

到了幼儿园，皮皮妈妈跟老师反映了，问皮皮在幼儿园有没有说脏话。老师想了想说："幼儿园里有一个志愿者，是男的，爱玩足球，经常带着足球来这里跟孩子们玩。他可能说话比较粗鲁一些，被孩子听到了。皮皮有一次拿着皮球跟班班玩，两个孩子在一起嘟囔着'可恶''臭狗屎'之类的话……"

专家聊天室：解析宝宝说脏话的心理原因

一般说来，孩子两三岁时，正是口语迅速发展的时期，他们爱听故事，也喜欢给别人讲故事。他们学习语言的途径就是模仿。不管是好话还是脏话，他们都模仿。他们并不知道脏话的含义，只把它们当

做是一种有趣的语言。孩子们的脏话兴奋期会在 3 — 4 岁的时候最突出，到了上学的年龄自行结束。

1. 兴奋型心理：有趣的话能引起他人关注

说脏话有一种力量，那就是能让人产生很强烈的情绪变化，他人表情和情绪变化，对孩子来说是新奇的，很好玩的。他有可能一直会重复脏话，用脏话去说别人的时候，父母听了会生气，其他孩子听了会大哭。这样的反应让他们觉得很兴奋很过瘾。他们觉察到了语言的力量，使用这样的语言，会引起他人对自己更多的关注。孩子说脏话的时候并不知道脏话是不好的话，他们兴致勃勃等着别人来回应，以此为乐。这种心理引导下说的脏话，家长不用大惊小怪，大多数情况下，几个月之后宝宝对脏话的力量失去了兴趣，脏话会自行消失。

2. 模仿型心理：一种语言的学习

宝宝还没有树立明确的是非观念，什么是好的，什么是坏的并不清楚。如果孩子说脏话，家长应该反思，是不是自己不经意的脏话让宝宝学会了。3 岁宝宝的智力发育很快，开始形成了表象、想象和思维，能用语言表达自己的感受。他不但能记住自己体验过的事物，还能记得自己听来的没有体验过的事物。这就是模仿。心理学家说，孩子们模仿大人的脏话单词和短语，并不奇怪。美国耶鲁大学的博士说："这只不过是孩子的语言学习"。通常来讲，孩子是不会故意侮辱别人的，他可能并不明白这句话的确切意思和恶劣程度，只是听别人说一次，现在模仿着用一用而已。模仿是宝宝语言词汇形成的一个过程。但是

宝宝说脏话，受家长影响的可能性非常大。宝宝听到脏话，会像学习其他本领一样学着说并在家中"展示"。有的家长，尤其是祖父母，对孩子说出的脏话一笑了之，让宝宝最脏话的兴趣更浓。

3.发泄型心理：愿望得不到满足

通常情况下，宝宝的愿望没有得到满足，就觉得受到了挫折，他们难过、气愤，会尽自己所能来发泄心中的不满。发泄的方式之一，就是脏话。这时候他们已经意识到脏话是让人生气的话，他们自己生气了，也要让别人生气。用脏话来表达情绪，发泄自己的不满。比如，孩子一定买一种昂贵的不适用的玩具，遭到家长拒绝，他生气极了，就会用脏话来发泄自己的情绪。

家长执行方案：纠正宝宝出口成脏的坏习惯

大多数孩子其实不懂脏话的意义，只是出于好奇。对此，有的家长感到震惊，用打骂等方式制止；有的家长觉得没多大关系，骂两句就算了；有的家长觉得这很正常，不去约束。说脏话是一种坏习惯，多数的教育心理学家都认为，如果孩子说脏话长期不受约束的话，会出现性格发展缺陷。

虽然说孩子说脏话并不是真的在诅咒别人，也有可能是一种语言学习，但是家长一定要加以引导，帮孩子养成文明用语的环境。

制胜绝招一：首先漠然处理，文明话回应

宝宝刚开始说脏话时，家长不用反应过激。对大多数家长来说，不理会是有些难度的，但这其实是一个策略，等于告诉孩子：你说的词语毫无意义。因为孩子说脏话的目的就是想引起家长的注意，想看到家长激烈的反应，家长反应越激烈，他觉得越有意思。所以，家长不要严厉问他为什么这样说。可以先冷静下来，看着宝宝，等他得意的神情消失后，再问他："你知道笨蛋是什么意思？"他若回答"不知道"，家长就告诉他这是不好的词语，这样说出来大家都不会喜欢你。他若回答"知道"，家长可以教他用文明的话来代替这个不好的词语。这样的回应，不仅达到教育孩子的预期效果，还容易让他接受这样说话是不对的。

制胜绝招二：扩大孩子词汇量，教会孩子文明用语

3岁的宝宝，虽然智力有一定的发展，但语言表达能力并不强，词汇量很少。他们一旦听到一个新词语，脏话也是新词语，他们一定会记住，然后找机会练习。家长要引导孩子用已经具备的语言能力和语汇积累积极表达自己的内心世界。如果孩子说了脏话，家长应该单独和孩子探讨这种行为，向孩子说明，这些词语粗俗不雅，用这样的词语说别人，是不尊重别人的表现。如果孩子是为发泄不满而说脏话，家长可以教给孩子表达情绪的正确方式，比如用"你不对！""你不讲理！"这样的话来发泄。批评教育孩子的时候，注意一定不能掺杂脏话、粗话，否则就起到反效果了。如果孩子屡教不改，家长就可以

采取不带他出去玩、或不让他看动画片之类的措施来惩罚他。

制胜绝招三：为宝宝创造一个文明的语言环境

　　孩子说脏话，家长一定要反思，是不是自己不良行为让孩子学会了。如果是，家长一定要跟孩子道歉，说自己说错了话，之后一定要提高自己的修养，严于律己，从头做起，为孩子营造文明礼貌的语言环境。如果不是，就要找孩子说脏话的源头，一定是其他人说脏话被宝宝听到了，那就要注意。一方面要尽量让孩子避免接触周围不良的语言环境，让他们听不见脏话，学不到脏话：另一方面又要增强孩子的"免疫"力，教孩子明辨是非，告诉他们，骂人、说粗话是不文雅的行为。也要帮助宝宝交友，选择讲文明，懂礼貌的伙伴，尽量远离那些说脏话的孩子，以免互相影响。如果其他人故意给宝宝教脏话，家长应直接当面阻止，让对方不好意思再这样做。

NO.5　把别人的东西拿回家——纠正孩子的偷窃行为

　　如果你发现孩子偷拿家里的钱，或把别人的东西拿回家，想必大多数家长都会大发雷霆，轻则语言批评，重则可能就要动手惩罚了。有的孩子还好，说了一次就改了，可有的孩子却打死不承认，体罚过后继续小偷小摸。

　　当然，发现孩子有拿别人东西的行为，大多数家长都很生气，不管孩子为什么"偷窃"，一味地开始用各种方式教育，但结果并不理想。

因为家长没有了解孩子这种行为背后的心理原因，实施教育时没有对症下药。

一天晚上，晴晴写完作业后睡着了，妈妈帮她整理书包，发现了一个漂亮的文具盒。家人最近没有给她买文具盒啊！这是哪儿来的？可能是把其他小朋友文具盒装错了吧，估计明天去幼儿园会还回去的。妈妈就没有多想，第二天又忘记了这事。

下午去幼儿园接晴晴，就听老师说，文文的文具盒不见了，哭了一整天，怎么安慰都不行。妈妈心里咯噔一下，但她不相信晴晴书包里的文具盒就是文文的。妈妈不动声色拿起晴晴的书包，趁晴晴不注意的时候看了一下，里面并没有那个漂亮的文具盒。妈妈舒了一口气，看来晴晴把文具盒还给小朋友了，她拿错的不是文文的文具盒。

一个星期之后，妈妈收拾晴晴的屋子，在床底下发现了那个漂亮的文具盒，妈妈瞬间明白了：女儿就是把别人的东西拿回家了！而且还不止文具盒，还有几张十元纸币，小发卡，铅笔，手镯等。看到钱，妈妈想起了前段时间她总觉得家里买菜的零花钱少了，但不敢确定，看来是被晴晴拿走了。

妈妈心痛不已。第二天早上，妈妈把晴晴叫起来，拿出了那个文具盒。看到文具盒，晴晴竟然一点都不脸红。妈妈问这是怎么回事，她满不在乎地说："文文的文具盒漂亮，我就拿回来了。""可这是文文的。""是啊，拿回来就成我的了啊！"看来，女儿还不知道别人的和自己的区别，这个教育还需要过程，首先要解决的是把文具盒还给文文。于是妈妈说："宝贝，我们不要文文的文具盒，妈妈给你买更漂亮的好不好？""真的呀！""当然，不过现在我们把文具盒还给文文好不好？""好。"

文具盒事件之后，妈妈更头疼，不知道从哪里开始纠正晴晴这种

行为。

专家聊天室：解析宝宝偷窃行为背后的心理原因

　　偷窃是由一种强烈的占有欲引起的，从性质上来说是一种不道德的问题行为。但是在大多数孩子的意识中，并不知道把别人的东西拿回家就是偷窃行为。因此，不能把孩子的这种行为定性成偷窃行为，认为孩子道德品质有问题。他们伦理道德观念还没建立，对于财物所有权的理解还很模糊，把别人的东西拿回家，只是一时的冲动。然而，随着孩子道德意识的发展和社会化程度的提高，这种行为一再发生，就要考虑发展成真正意义上的"偷窃"了。

　　孩子这种无意识的"偷窃"行为到底是什么心理原因呢？

1. 落差型心理　家庭教育失衡导致孩子行为偏离

　　独生子女的特殊地位，让家长满足孩子的一切物质需求，要求多次得到满足后，使得孩子心中没有是非标准，不能约束自己，不管是谁的东西，只要自己喜欢，就要"拿"到手。有的家长家中财物乱放，孩子随意拿去买东西，家长发现后，觉得孩子拿的是自己家的钱，就不管不问了。还有的家长第一次看到孩子拿别人东西认为是孩子不懂事，长大了自然就好了。这几种管教孩子的方式都让孩子觉得拿别人东西也没有受到谴责，放纵了孩子这种行为，最终发展成有意识的偷窃行为。相反，如果家长过于节俭，孩子的玩具少，拥有的东西少，他们看上别的小朋友的东西，向家长要求买，得不到满足，孩子感到

失望，很可能导致他偷钱去买或把别人的东西拿回来。有的家长看到孩子拿别人东西回家，二话不问就大打出手，让孩子产生对抗情绪，为了报复家长，有意去偷窃。

2. 占有型心理 占有欲过强影响孩子的行为

孩子拿别人东西很可能并没有意识到这些东西是别人的，自己想拥有就得付出金钱。他们看到自己喜欢的东西，就像在自己家里一样，拿到自己手里。他们还没有分清楚"自己的"与"非自己的"的概念，道德的概念还没有完全形成，只是原始意义的"恋物"而已。就像晴晴，她拿文文的文具盒并不觉得自己的行为是错的，把别人的东西拿回家就变成了自己的。等孩子到了4岁、5岁，意识里已经有了"我的""别人的"，但是他们疑惑：我知道这是别人的，但我为什么不能拿呢？拿了又会怎样呢？

3. 自卑型心理 嫉妒攀比加速行为偏离

家长对孩子在金钱上放任自流，不管什么好东西，家长都会给他买，久而久之让孩子有一种优越感，觉得自己应该拥有最好的东西。如果看到别人拥有的东西比自己的更好更漂亮，他心理不平衡，产生嫉妒，就想占为己有，从而不自觉地把别人的东西据为己有。另一方面，现代社会的物质观通过各种商业广告渗透到孩子的生活当中，他们向往新潮的东西，喜欢拥有让别人羡慕的东西。四五岁的孩子们在一起也炫耀自己家怎么富裕，家长给买了什么样的好东西，家境不如别人，或玩具不够高级的孩子感觉自尊心受到了伤害，他们心里肯定

不舒服，就通过把别人的东西据为己有的方式来满足这种心理，或者偷拿父母的钱买高级玩具，在同伴面前炫耀，以获得所谓的心理平衡与自尊心。

4. 关注型心理　孩子以偏离手段索求关注

有的家长工作很忙，无暇顾及孩子，孩子经常感到孤单，缺乏足够的情感关注。他们会从自己家或别人家里偷东西，以引起家人的注意。而有的孩子性格内向，不善于交际，同伴很少，为了赢得同伴的友谊，他们把家里或别人的东西偷出来送给同伴。他们这样做并不是需要这件东西。心理学家认为这是被社会环境忽视，得不到成功感的一种表现形式。有的孩子想拥有一种优越感，让同伴觉得自己是英雄，就去偷拿别人的东西，再把这些东西大方地分给同伴，换取同伴对自己的友好与"尊重"。还有的是受电视和图书影响，模仿其中的行为，体验冒险的滋味，在一种好奇心理纵容下，也会去私拿别人的东西。

5. 发泄型心理　偏颇行为是公平诉求的方式

有的家庭有两个孩子，家长可能会偏爱某一个，尤其是玩玩具的时候，总让一个让着另一个，这让另外一个觉得受到冷遇，觉得不公平，就去把别人的玩具拿回家自己一个人玩。还有的在幼儿园，两个孩子因为玩具发生了争吵，老师偏爱一方，把玩具给自己偏爱的一方，批评另一方。被批评的孩子感到不公平而产生反抗，把玩具偷偷拿回家占为己有。有些是因为对某人有意见，采用偷窃对方心爱之物作为报复对方的手段。

家长执行方案：引导并纠正宝宝偷窃行为

> 卢梭说过："人生当中最危险的一段时间是从出生到十二岁，在这段时间中还不采取摧毁那种错误和恶习的手段的话，它们就会发芽滋长，乃至以后采取手段去改的时候，它们已经是扎下了深根，以致永远也把它们拔不掉了。"
>
> 对于宝宝"偷窃"行为不可过分重视，也不可以不重视。因为过分重视，可能人为地造成恶性循环，无意识地强化孩子的不良习惯；不重视，又可能会助长孩子的不良习惯，更加肆无忌惮。
>
> 所以，要根据孩子具体心理原因，针对性采取教育方式。

制胜绝招一：培养"所有权"意识

家长和幼儿园老师会教育孩子"凡是不属于自己的东西不能拿回家"，但是有些孩子还是不能真正理解其意义，看到自己喜欢的东西照样会拿回家。孩子的这种"偷窃"现象，不一定就是道德品质的问题，而可能是没有"财产所有权"意识。家长要有意培养，可以跟孩子一起，将家中的物品进行"所有权"确认，公布哪些物品属于哪个人，并规定不可以拿走其他人物品。家长做榜样，如果要用孩子的东西，一定要征求物品"所有权者"——孩子的同意。那么孩子在看到自己喜欢的东西时也会先征求别人的同意。可以带孩子去买东西，让孩子明白，商店的东西是属于商店的，谁付钱就属于谁的了。如果孩子拿了别人的东西，先不要大动肝火，告诉孩子：这东西是属于别人的，如果你想拥有它，你就必须征得别人同意，别人如果不同意，你给妈妈说，

妈妈会给你买。

制胜绝招二：情境教育，提高抵抗诱惑的能力

孩子的意志力薄弱，抗诱惑能力低，看到别人的东西比自己的好，就有可能据为己有。家长可以设置情境教育，锻炼其意志力，从而提高孩子抗诱惑的能力，让孩子形成和巩固新的良好的行为习惯。比如带孩子到商店，让孩子看到形形色色的玩具，反复告诉孩子：这个商店玩具这么多，其他商店还有很多，这么多玩具如果都买回家，家里放不下，你也玩不过来啊，你现在已经有那么多玩具了，要其他玩具不是负担吗？

制胜绝招三：耐心教育，强化偷窃的不良影响

家长一旦发现孩子拿别人东西，就一定要耐心教育。斥责和打骂只能让使孩子产生抵触情绪和逆反行为。家长让孩子知道拿别人东西是不对的，接着告诉孩子为什么不对（如因为你拿了别人东西，别人的东西不见了，就会着急，会难过），然后告诉孩子：拿别人东西别人会觉得你不是好孩子，爸爸妈妈会不理你，爷爷奶奶也不理你，其他小朋友也不喜欢跟你玩。

制胜绝招四：教会宝宝理财，喜欢的东西自己买

孩子想拥有自己喜欢的东西很正常，父母不能一味拒绝。为了防止孩子要求得不到满足而去"偷窃"，家长可以教会宝宝理财，让宝

宝把自己的零花钱攒起来，用自己的钱去买。当然，可以让宝宝做一些简单的家务，家长来付报酬，等孩子钱攒够了再去买。这样的方式一方面可以培养孩子的理财意识，另一方面也告诉孩子"得到必须要付出"的道理。

NO.6　孩子爱撒谎骗人——分析孩子爱说谎的心理需求

作为孩子的教养者，当你发现一直很乖很听话的孩子不知不觉中学会了撒谎，你会如何来面对？发怒打骂？言语刺激？还是任其自由发展？

针对样的情况，各位家长其实不必太过紧张，孩子的性格在成长阶段，出现爱撒谎的消极因素，其实是很正常的现象，只要各位家长能准确的了解孩子爱撒谎背后的心理活动，从根源上疏通孩子的负面思想，加以引导，此项难题便可迎刃而解。

下午放学后，蒙静去学校接五岁的儿子浩浩放学，刚进学校门蒙静就被浩浩的班主任李老师叫住了。

蒙静有些诧异，浩浩性格内向腼腆，在大人的眼里他一直都很乖，看李老师的表情，难道好好在学校闯了什么祸？

"我们就开门见山的说吧，你有没有发现，浩浩最近学会了撒谎。今天中午我们幼儿园举行团队钓鱼小活动，胜利的孩子也会得到小奖励。在活动期间，浩浩用手把旁边小朋友篮子里的塑料小鱼都放到自己的篮子里，之后过来给我说他胜利了，我发现他并没有按照活动游戏规则，便和他说撒谎的孩子不乖哦，可他坚持说那些塑料小鱼是他

钓起来的。所以我觉得我们需要聊一聊，找找原因，看如何才能改正浩浩爱撒谎的问题。"李老师在操场边上对蒙静说。

"这孩子，怎么又撒谎了，看我回去怎么收拾他。"蒙静听到李老师的话，情绪有些激动。

李老师听梦境这么一说，赶紧安抚说，"孩子还小，不能一味的惩罚，惩罚不仅解决不了问题，还有可能促使其行为恶化，回家要多和孩子沟通，正确的引导。"

蒙静面露难色，显得有些惭愧，"这孩子现在不知怎么了，前几天在家把他爸爸新买的盘子摔了，可是他竟然把盘子碎片踢到橱柜底下，我们问他，可他怎么也不承认，说是家里的小狗把盘子弄到地下摔碎的，他爸爸情急之下严厉的将浩浩批评了一次，真不知道这孩子最近怎么了，怎么这么爱撒谎。"

李老师似乎找到了问题的答案，"原来是这样，好好今天说谎话只是单纯的想得到奖励，因为在家里撒谎被严厉批评过，所以今天即使我不怪他，他仍然不敢承认错误，或许是怕又一次受到惩罚。"

李老师停了片刻，接着说道，"浩浩的年龄太小，对幻想和现实的界限不是很明了，他犯错误之后如果严厉的指责，不仅不能让他承认错误，更会让他在自己错误的主观思想里一直走下去，如果他犯了错误，我们让他放松心态之后，再从旁引导，想必会事半功倍。"

专家聊天室：解析宝宝典型性谎言背后的心理

孩子在成长过程中为什么会说谎？这个问题很难回答，也没有一个标准的答案。很多人这样定义，说谎的孩子就是坏孩子，我想这是绝对错误的想法。在孩子的世界里，并没有说谎这个概念，有时谎言

是他们的现实感官和自我想象，这种不存在的意识在大人眼中是虚无缥缈的，可在孩子的思维世界里却是现实存在的。

　　心理学家研究表明，随着孩子的年龄增长，孩子已经有了自我存在的意识，逐渐懂得借用不实的言论来抗衡自己思维之外的压力，建立起自我保护机制，这就是孩子撒谎的心理需求，所以说说谎只是孩子一种本能的自我保护方式，比如孩子为了避免惩罚而说谎，为了达到某种目的而说谎，为了引起人注意而说谎，这些现象几乎在所有孩子身上都会出现。

　　幼儿心理学家将学龄儿童撒谎的心理需求分为以下四类，各位家长可以根据自己孩子不同的事实存在，分析孩子的心理需求，后对症下药，从而解决孩子爱撒谎这一难题。

1. 体验型心理　孩子的思维无法区分事实存在和自主幻想

　　说谎是孩子心理长成所必须经历的阶段，孩子从出生开始，便从纯粹的自我世界，走入社会这个大家庭，其性格养成需要一个漫长的过程，孩子的心理和行为也逐渐由被控制转化为自主控制，在这个过程中，孩子充分体验了自主控制的感觉。然而孩子在这个时期，其思维和心理都不成熟，很容易混淆现实存在和自主幻想，很容易以自己的思维来解读世界，如果孩子的行为和现实存在差异，那么便会被家长扣上"撒谎"的帽子。比如，浩浩将盘子打碎，并藏起来，这就是现实存在，他的主观意识是拿起盘子，而不是打碎它。在孩子的意识里，盘子是自己碎掉的，这个后果并不是由自己的行为所引起的，他说谎并没有任何欺骗他人的意思，而是分不清自主思维和现实存在。

2. 防御型心理 孩子扭曲事实只是为了逃避批评和惩罚

随着孩子年龄的增长，他懂得了用扭曲事实的方法达到自我保护的目的。孩子犯了错，家长出于纠正孩子的心理，多会对孩子进行批评教育，或者责难惩罚，而孩子年龄和心智有限，很难站在家长的立场来考虑问题，所以孩子在犯错误的时候因恐惧心理，或为逃避责难而试图欺瞒，如浩浩将盘子打碎，妈妈明明看到是浩浩将盘子摔在地上，等问到的时候，浩浩一口咬定是家里的小狗弄碎的。这个时期的孩子，一般不愿意承认自己的过失，他会编出各种各样不成文的理由来为自己开脱，面对孩子这样的借口，许多家长则会火冒三丈，或多或少会对孩子进行批评教育。可家长不知道，很多时候，孩子并不惧怕家长的棍棒体罚，他更害怕父母的愤怒，怕因为一件小事父母会厌恶他，不再关心他，甚至远离他，这才是孩子做错事爱撒谎的根本原因。

3. 夸大型心理 孩子撒谎只为引起他人注意

对于一些长期被忽略，或者感觉内心比较孤独的孩子，夸大事实的说谎，是一种自我安慰的形式，只为引起同伴或者周边大人的注意。孩子夸大事实，以维护或夸大价值，夸张加大自己家庭财富，或者夸大自身能力来获取同伴的关注，这就是夸张型说谎心理的典型表现。如，小亮在外人面前夸张炫耀自己的家庭财富，夸大自己家里饲养的小动物的数量，甚至夸大自己家里学习文具的拥有量，而事实上小亮家里并没有这些东西，可是自小亮撒谎后，有许多同伴争着和他做朋

141

友，其心理得到了极大的满足。

4. 臆造型心理 撒谎作为孩子遇到困难时的排解方式

6岁的青青刚刚升入小学一年级，他到处炫耀高年级班的班长是自己的堂哥，老师在家访的时候发现青青根本没有哥哥和他在同一学校上学，这让老师很惊讶，老师问青青为什么要撒谎说自己哥哥在高年级当班长，一开始青青并不愿意和老师多沟通，也不愿意讲出事情原由，后经过老师和家长的循循善诱，才弄清楚事情的真相，原来青青是怕在陌生的环境里被人欺负，所以才编出自己哥哥在高年级这样的谎言。家长要知道，孩子说谎的背后往往有一些事实存在，孩子如果不知道如何排解的时候，便会想根据自己的主观思想臆造事实。

家长执行方案，帮你家宝宝摆平心理"叫板"

随着孩子一天天的长大，其心理需求也日益复杂化，如果家长不能及时了解孩子的内心波动，就会影响其亲子关系，所以家长应该根据孩子的年龄阶段和心理需求，实时调整其处理方法，因时制宜地解决孩子在成长过程中遇到的问题。

对于面对孩子爱说谎，也可根据以上方法，观察孩子日常生活中的异常细节，正确引导孩子，在孩子撒谎的时候及时做好应对工作。

制胜绝招一：家长让孩子产生相对的依赖关系，增强亲密感

每一个孩子在成长过程中都需要家长的安慰、鼓励和支持，孩子

困了需要家长哄她睡觉，饿了就会让家长给他做可口的食物，精神好的时候需要家长陪她玩耍，精神不佳的时候需要家长的逗哄引导。针对孩子的体验型谎言，家长在处理过程中应收起愤怒和指责，用温和的话语和孩子能接受的态度对孩子循循善诱，这样既不会破坏孩子的自主想象，又能让孩子区分开什么是想象，什么是现实。比如，之前的例子中的浩浩，我们可以这样给他说：浩浩真聪明，看妈妈在盛饭就赶紧去给我拿盘子来，可是妈妈已经拿出来了一个，盘子怎么会掉在地上呢？是你帮妈妈拿盘子的时候不小心摔在地上了吧。想必这样的说法浩浩一定不会害怕，更不会区分不了现实存在和自主幻想。

制胜绝招二：尊重孩子的思想，传达榜样正能量

在幼龄孩子的思维中，家长具有崇高的地位，不仅是他们的偶像，更是他们行为和思想约束的准则，所以家长们的言行对孩子的性格养成起着潜移默化的作用。家长在处理孩子防御型的谎话时，尽量不要指责孩子，更不能恐吓打骂，要让孩子充分感受到来自于家长的支持和尊重。例如，孩子犯了错误，作为家长首先应该用委婉的方式制止孩子的错误行为，在批评孩子之前先给予肯定，如果孩子承认错误，一定要给予充分的鼓励和赞扬，要知道，孩子肯承认错误需要极大的勇气；如果孩子僵持着不肯承认，那么家长也不要动怒，因为这个时候孩子心里已经知道错了，只是他的自尊心和自主意识接受不了你的质问，给孩子足够的反省时间，给孩子正确的引导，多鼓励和关心，想必这样的问题以后孩子会自己注意的。

143

制胜绝招三：正确的引导方向，让品质在成长中塑造

如果孩子的言行有夸张成分，或者臆造事实，说明孩子内心缺乏自信，为了引起旁人的重视，孩子通常会夸大自己的优势，或者臆造本不存在的事实，来掩饰自身的不足。针对孩子的这样的心理状态，家长要注意培养孩子的自信心，充分挖掘孩子的自身潜力，如果孩子自信心欠缺严重，家长可固定培养孩子的某项特长，如音乐、画画等。另外，语言引导也是塑造孩子自信的一个重要方面，如前文中提到小亮的情况，家长可以告诉小亮，我们家没有宠物没关系，经济条件不好也没关系，可是我们家院子很大，妈妈做饭可好吃了，你可以邀请别的小朋友到我们家做客，还可以在大院子里做游戏呢。如此一来，孩子的自信心便得到了的巩固，还从根本上解决了孩子夸大型心理撒谎的行为。

制胜绝招四：用客观手段，帮孩子树立正确的观念

如果孩子经常撒谎，家长切记不可单纯地用道德水准来评估孩子的撒谎行为，如果家长从道德层面上否定孩子，这样不仅会破坏孩子与父母之间的亲子关系，更会使孩子产生逆反心理，索性破罐破摔，那家长应该如何才能正确引导孩子的内心走向呢？

幼儿心理学家给出这样一个答案，家长的错误方法只能让孩子深化自己的谎言，与其这样，不如先抛开孩子撒谎这个事实，从背后寻找出孩子撒谎的原因和目的，从存在谎言中寻找突破口。随着孩子年龄的增长，辨别是非的能力有所增强，但自控能力远远跟不上，一旦

遇到问题，找不着突破口便会有借口来掩饰，没有借口的时候便会制造借口。在这个情况下，家长应针对本次事情，寻找事情本身的错误性，并用合理的方式让孩子接受，帮助他分清是非，认识错误，改正错误，给孩子一个客观公正的环境和氛围。

如六岁的青青怕被同学欺负，便撒谎说自己的哥哥在高年级，意在保护自我，家长可以对孩子说，只要你不去欺负别人，别的小朋友都是懂礼貌的好孩子，不会来欺负你，如果他们知道你撒谎的话，以后都会躲着你，你不想这样吧。这个时候孩子的内心世界会发生怎么样的转变，那就可想而知了。

NO.7　孩子做事总是虎头蛇尾——如何让孩子拥有一颗恒心

缺乏坚持性是很多宝宝的通病，比如刚吃饭时很香，没吃两口就东张希望；玩积木时还没搭建成一个模型，就置之不理了；答应妈妈要自己走路，但没走几分钟就闹着不肯走了；学画画，刚开始兴致勃勃，画几笔就扔掉画笔等等，这都是宝宝没有耐心，没有恒心和毅力的表现。

晶晶是个独生女，爷爷奶奶疼，姥姥姥爷疼，爸爸妈妈自然也疼她。集宠爱于一身的晶晶还没出生时，家里就有一堆玩具等着她。出生后，知道了性别，爷爷奶奶兴致勃勃地又去给她买玩具，把晶晶的婴儿房塞得满满。

2岁时，晶晶会玩遥控玩具了，把家里以前的玩具都丢在一边，就喜欢上了遥控玩具。长辈们仍然今天买一个明天买一个。晶晶就在

这些遥控玩具里玩得不亦乐乎。但很快，爸爸妈妈就发现晶晶缺乏耐性，每种玩具玩一会就去拿另一个，最后是整个屋子都摆放了她的玩具。

不仅仅是玩具，在生活中很多事情，晶晶都表现得没有耐性。原吵着要吃蛋糕，妈妈带她到蛋糕店，还没吃几口，她又嚷着要吃巧克力；在游乐场排队坐滑梯，前面有好几个小朋友在排队，晶晶硬要跑过去先玩；妈妈带她逛街，许诺给她买冰激凌，但妈妈遇到朋友说几句话，晶晶就哭闹着一定要先去买冰激凌……

好不容易上幼儿园了，爸爸妈妈觉得幼儿园有规律的生活可能会让晶晶变得有耐性。果然，刚开始几天，晶晶对环境感到新奇，没听老师说她调皮，回到家老师让做一些手工，她也很上心。开始，没多久，这孩子"原形毕露"了。老师告状说，晶晶做什么都是急性子，稍微怠慢她一点儿，她就大哭大闹的。在家里写作业，她总是写一会儿，玩一会儿，最后不了了之。

爸爸很头疼，埋怨是妈妈的急性子遗传给了晶晶。看到晶晶这样，妈妈也无话可说，自己确实是急性子，有可能是遗传吧。而且每次在家，她经常说晶晶"没毅力""没恒心""做什么都不能坚持"，可能也对晶晶有影响。

专家聊天室：宝宝没有恒心的原因

恒心，也就是毅力。

恒心，是一个人的精神支柱，是一种持之以恒不变的意志，有了恒心，做事才有成功的可能，一个人素质培养的根本就在于恒心教育。从心理上说，恒心和毅力属于意志的范畴，包含两点，一是为着实现

一定目的而去克服困难的心理过程，二是这个过程中的行为表现。

孩子缺乏恒心，并不是天生的，后天性格塑造对孩子的毅力养成起着至关重要的作用。

1. 好奇型心理 好奇心让孩子的兴趣容易发生转移

在孩子的眼里，世界万物都是新鲜的，尤其对于初次见到的事物，他们有十二分的好奇，兴趣也非常强。所以，他们今天想玩积木，明天发现玩皮球更有意思，后天看了科幻画报还想将来当科学家。现在又都是独生子女，家长恨不得把所有的玩具都给自己宝宝玩，太多玩具，让孩子目不暇接，玩这个东西玩一会儿，就想换另一个东西玩。由于玩具多，孩子的兴趣很容易转移，来不及思索，而去关注另一个玩具。玩遍了家里的玩具，孩子会在感兴趣的玩具上逗留，对不喜欢的玩具，也就不会集中注意力，缺乏耐性。

2. 溺爱型心理 欲望容易满足不利于孩子性格培养

现在的家长希望自己的孩子有一个无忧无虑的童年，而不像他们自己，童年的时候缺少玩具，缺少好吃的好玩的好穿的，所以他们努力用物质来满足孩子的需求，对孩子有求必应，而且越快越好。这世上本来有一个道理，那就是没有不劳而获的东西，获得任何东西都需要等待和努力。但是家长对于孩子有求必应的做法，让孩子有一种错觉：我需要什么东西，爸爸妈妈都会很快给我的。他们不知道等待的含义，不明白努力的意思，只有他们自私的欲望。如果哪一次家长没有在短时间满足他们的欲望，换来的就是他们的哭闹。

3. 挫折型心理 孩子害怕挫折不敢继续

我们成年人在学习一项技能的时候，都会觉得入门很简单，但当达到一定水平后，要前进一步很困难，如果无恒心坚持下去，也许就不再发展了。挫折和困难，也是宝宝没有耐心的原因。而且宝宝年纪太小，面对挫折，还未学会适时转移或隐藏情绪，对于不如意的环境容易以反抗方式表现，而出现哭闹，容易被新事物转移目标，不愿意忍耐。所以在搭积木时，无法完成他们就会放弃；看书时，遇到不认识的字，就放弃继续阅读。还有一点，有些家长看到自己宝宝没有耐性，通常会用辱骂的话，比如："你怎么这么没志气，还没做就说不行？""遇到这么点小困难就不敢继续了，太没出息了！"这样会伤害孩子面对挫折的勇气，让孩子在以后面对挫折时更缺乏耐心。

家长执行方案：制胜四招让你的孩子拥有一个恒心

恒心教育至关重要，关乎孩子的一生的发展。从某种意义上说，孩子最需要的并不是聪明智慧，而是持之以恒的精神和毅力。很多成年人做事依然浮躁，缺乏持久性，往往半途而废，这就是从小缺少恒心教育。可见，恒心是可以培养的。

专家建议，家长应该重视幼儿的恒心教育，而且要从娃娃抓起。如果不能给幼儿以正确的引导和教育，让他们拥有一颗恒心，做事有毅力，长大后就可能要承受"恶果"。缺乏恒心的孩子长大后往往喜欢意气用事，稍不如意就觉得无法忍受，不能够冷静地思考解决问题，不能承受挫折。

制胜绝招一：培养兴趣激发毅力

有人说，兴趣是毅力的门槛。兴趣，能激发孩子参加活动的积极情绪，促使孩子在活动表现出更大的意志努力。我们发现，孩子对感兴趣的玩具玩得最持久，对感兴趣的游戏最投入。丁肇中是美国华裔实验物理学家，是诺贝尔奖的获得者，他说，我经常不分日夜地把自己关在实验室里，有人以为我很苦，其实这只是我的兴趣所在，我感到"其乐无穷"的事情，自然有毅力干下去了。家庭教育中，家长要培养孩子多方面的兴趣。培养兴趣并不是强加给孩子的，是要让孩子主动接受。任何被迫的感觉都会使孩子产生逆反心理，造成一种可怕的恶性循环。那么，家长就要增添活动和学习内容的趣味性、生动性，让方式灵活多变，比如采用游戏、比赛、表演、抢答、故事等形式。过程和内容有趣，就会吸引孩子，让孩子善始善终地做某件事。

制胜绝招二：做父母的要以身作则

父母做事的态度很大程度上影响着孩子做事的态度。如果家长做事三天打鱼两天晒网，急性子，而且经常在孩子面前抱怨工作难做不想做了，很难培养出有恒心的孩子。父母应该时刻注意自己在生活中的表现，力求做个耐心的典范。在面对困难时，也要表现出乐观向上的精神状态，表示自己一定要完成，决不放弃。在培养孩子耐心的时候，家长更要以身作则，不能今天要求孩子学画画，并说要监督，可是第二天又忘记了，没有督促孩子画画。这样培养孩子的坚持性就会变成一句空话。

制胜绝招三：让孩子有时间概念，学会等待

　　4岁以前的孩子，没有时间概念，他们无法理解"从现在起10分钟"有多长时间，所以，家长说"十分钟后带你出去玩"，他们就会立刻要求出去玩。没有时间概念的孩子，不会等待。家长在日常生活中可以把话换成这样的方式："用10分钟给你的芭比娃娃梳好小辫，穿好裙子，妈妈就会带你出去玩。"孩子就会知道"十分钟时间"她可以给芭比娃娃梳好小辫穿好裙子。有了时间概念，家长要训练让孩子学会等待。在孩子要求家长满足其要求时，家长可以明确地告诉他："我可以满足你的要求，但需要等一会儿。"在这"等一会儿"的时间里，家长可以跟孩子做一些小游戏，然后再满足孩子要求。对于学龄前的宝宝，家长可根据年龄，循序渐进延长"等待"的时间。在等待的这段时间内，不管孩子如何要求，家长一定要坚持自己的话，不能放松，不然训练将会前功尽弃。

制胜绝招四：简化目标，让孩子有成就感

　　一个人只有主动、自觉地去实现既定的目标，为实现目标而不懈努力，才体现出他的恒心。对孩子来说，太难不容易实现的目标会让孩子望而生畏，就会产生对抗情绪或者干脆没做就放弃了。因此，家长可以帮孩子把大目标分解成一个个小目标，让孩子在短期内实现一个个小目标。目标的实现，会让孩子有成就感，从而激励孩子去进取。在遇到挫折和困难时，不会轻易放弃，而是有毅力面对困难，不断进取，完成目标。

150

第五章

优化孩子的交往机制

　　人类是群居动物，外在世界是孩子认知范畴得以扩展的必要因素，随着孩子年龄的增长，他终将走出家门，与人打交道，因此所有的教养者都希望自己的孩子能拥有优秀的社交本能。殊不知，社交本能是从幼儿时期便开始培养的，教养者只有多了解孩子的社交心理，多为孩子灌输正能量，才能达到自己的理想效果。

　　那么，如何才能奠定孩子的社交基础？笔者认为，引导孩子，应该从了解孩子的社交机制开始。

NO.1　拒绝成人化——呵护孩子的童心

随着经济水平的不断提高，在社会物欲日益膨胀的同时，很多人应该都注意到这样一种现象，我们的孩子从外到内似乎都逐渐成人化，从着装到发型，从处事态度到说话风格，俨然一副小大人的模样，这与有纯真童心的孩子身份格格不入。

一天上午，王女士把5岁女儿的照片放在电脑桌面上，那前卫的着装，时尚的发型，让同事们大声赞叹：小小年纪怎么能长得这么魅惑？太不可思议了！简直太美了！

听到大家的夸赞，王女士心里美滋滋的，她得意地说："可不是吗？就是个小鬼头，我每次出去逛街，她都要跟着，说跟着我学习怎么打扮自己。我给她报了舞蹈班，还有钢琴班，反正让孩子多学一点无妨。咱市电视台不是有儿童选秀节目吗？我准备让她参加呢！她舞跳得可美了！"

李女士听了很不以为然，她想到昨天儿子科科幼儿园的老师打来的电话，很是担忧。

老师说，昨天下午，科科和小朋友一起堆积木。一个小浩的男孩

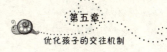

子的爸爸是科科爸爸的下属，经常去科科家，两个孩子也都知道自己的爸爸是什么关系。在幼儿园里，小浩经常对科科的话言听计从。玩积木的时候，小浩很快堆好了城堡，科科却只完成了一半，科科很不服气，一下子把小浩推倒在地上，并说："你有什么了不起！你爸爸都不如我爸爸！"老师赶紧来调解，小浩委屈地直掉泪，却不敢哭出声了。

现在的孩子到底是怎么了啊！小小年纪，竟然都像大人一样爱出风头、仗势欺人！一定要对科科进行教育了，千万不能这么早熟，否则一定会影响孩子人格健全的！

专家聊天室：宝宝成人化的心理原因

儿童成人化的原因主要归结于家庭教育和社会环境影响。家长对孩子的高标准严要求，让孩子努力去超越同龄人，失去了本该活泼可爱的个性，变得不该有的深沉；社会环境里，尤其是媒体的不良影响，电视选秀让孩子站在成人的舞台上赚取掌声，成人化的动画片严重污染孩子纯洁的心灵。

儿童成人化应该引起人们的反思：如何还孩子一个快乐、纯真的童年？但孩子成人化的心理原因又有哪些呢？

1. 炫耀型心理 跟风模仿让孩子失去自我

4 到 6 岁的孩子，自我意识有了较大发展，从服装发型，到观看的电视动画片，都有了自主性。在他们眼里，大人的装扮很"性感""很酷"，是跟随潮流的，为了追随潮流，他们也要像大人一样时尚。其

实这背后是孩子盲目的攀比和炫耀心理。他们希望在同伴中是鹤立鸡群的，是焦点，希望得到别人的赞叹与羡慕。这种自主性心理，让孩子不自觉地成人化。

2.模仿型心理 缺乏适宜的模仿对象

现在的孩子大多都是独生子女，整个家庭里，孩子模仿的不是爷爷奶奶，就是爸爸妈妈。而且城市居住环境特殊，把孩子局限在家庭的小天地里，孩子的玩伴很少。所以，孩子一直生活在成人的世界中，被动地接受着成人潜移默化的影响，不知不觉中，他们的言行成人化，脑子里已经被灌输了许多成人的思想、观念，大都超过他们本身的接受能力，最终导致孩子成人化。另外，电视的无限制观看，成人看的青春偶像剧、言情剧、穿越剧等，也都是孩子爱看的电视节目，作品里的男欢女爱、争风吃醋、争名夺利、钩心斗角，以及这些情节中渗透出的价值观、名利观、人生观，慢慢地渗透到孩子的心灵。

3.压抑型心理 高强度家庭政策迫使孩子早熟

父母希望自己的孩子成龙成凤，以对待成人的方式来要求和教育孩子。他们不希望孩子玩耍，不喜欢孩子"心不在焉"，要孩子规规矩矩地坐下来学习。标准过高、要求严厉，家长填鸭式的教育硬灌输给他们方方面面的、孩子难以承受的知识，过分刺激孩子的智力，这些都让孩子不得不"规矩"，不得不早熟。

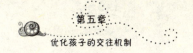
4. 表现型心理 教育偏离致使孩子虚荣心激增

电视选秀节目近年来大受家长和孩子的欢迎，为了让自己的孩子成为童星，能登上舞台，家长想尽办法让孩子学习成人化的节目，来博取观众眼球。而孩子呢，家长的这种心理也影响了他们，他们也想在电视上露露面，满足自己的虚荣心。其实，电视选秀节目正是利用了家长和孩子的这种心理，让稚气未脱的孩子在台上搔首弄姿，来提高收视率。这种成人化的节目，用成人的情感方式、思维方式、娱乐方式引导孩子，或用成人视角来规范少年儿童充满童趣的内心世界、主观判断孩子们的喜好。原本稚气的孩子，从穿着到言谈，再到表演的节目，在舞台上不见一点童真童趣。

家长执行方案：如何抑制宝宝成人化

制胜绝招一：守护孩子原本的天性

孩子天性爱玩，玩垃圾、玩玩具、玩沙子、玩破坏，等，都是孩子天性的表达。家长应该根据孩子的兴趣爱好，不干涉他们玩的对象，引导他们安全地玩。在选择玩具的时候，根据孩子的兴趣爱好，不要把家长的意志强加给孩子。引动孩子学习的时候，更不能着急，虽然家长都想培养一个优秀的孩子，但一个身体健康、心智健全的孩子才是最重要的。不要把孩子的优秀，当做向其他人炫耀的"资本"，从而强迫孩子从小报各种各样班，学所谓的"本领"。更不要按照童星的方式来培养孩子，让孩子参加各种电视选秀。家长要明白孩子并不

是你们的附属品，不能以家长的主观意愿决定孩子的未来。

制胜绝招二：允许孩子适当地犯错误

家长都希望孩子事事超前，用近乎苛刻的标准来要求孩子，比如考试一定要拿满分，说话一定要礼貌，走路一定要姿势正确，等等。这些严苛的标准容不得孩子犯一点儿错误，而且一旦孩子犯错误就实施惩罚。久而久之，孩子容易形成胆小慎微的性格，变得沉默寡言，失去了活泼的本性。另外，家长应用民主教育的方式，鼓励孩子与父母沟通，化解孩子的心理问题。

制胜绝招三：坚决抵制不良的社会影响

孩子是非观念不强，不懂得什么该模仿，什么不该模仿。家长一定要把好关，家里不要放置不适合孩子看的碟，多给孩子买一些健康的儿童读物，与孩子一起阅读，以免让孩子去坐在电视机前看成人化电视节目。同时，由于宝宝的自主意识不允许家长为他们做一些选择，家长应该趁机给孩子灌输正确的价值观和世界观。比如，打扮漂亮和上台表演，并不能让别人觉得你多有能耐，努力展现自己，就是为了让自己和大家都开心。

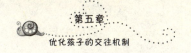

NO.2　难融入群体——正确引导孩子的沟通欲

乐乐直到1岁半才会说简单的词语，大多都是像"爸爸""妈妈""狗狗""饭饭"这样的叠声词。每次她心里十分清楚要什么东西，但就是不说，比如想坐摇摇乐，她就用手指一下；想妈妈抱抱，她只伸出双手。妈妈开始还给她教，但她不学。后来，也就习惯了，每次乐乐手一指，妈妈就知道乐乐要什么东西或要干什么事，就帮她拿了或做了。

就这样，都2岁了，乐乐还是这样子。带她出去玩，她经常一个人玩，从不主动接近其他小朋友。乐乐长得十分漂亮，天然的卷发，看起来就像混血儿。有些大人喜欢逗她，就问她："小姑娘，你几岁了啊，这么漂亮！"她很冷漠，看都不看别人一眼。有其他小朋友过来跟她一起玩沙子什么的，她也不说话。

妈妈心想，或许孩子就这样内向的性格，也就没太在意。

后来，乐乐上幼儿园了，说话已经没有障碍了，但是却很少开口说，除非对爸爸妈妈，她对其他人说话很少。幼儿园老师给妈妈说："每次小朋友们做游戏，乐乐总是躲着不肯参加。给小朋友们教唱儿歌，大家一起唱的时候会开口唱，但让她一个人唱，她就不乐意了。这孩子性格也太内向了……"

专家聊天室：解析影响宝宝沟通能力弱的因素

沟通力是双向的，孩子可以通过别人的表情、手势、动作、语言，来理解别人的感受和愿望，也可以通过自己的表情、手势、动作、语

言向别人表达自己的感受和愿望，从而进行正常的社会交往。

比如，不会说话的宝宝，用哭泣来表达自己饿了，用伸手表达自己需要父母抱抱。这就是沟通。等到孩子会说话了，语言就是沟通的主要方式。

沟通需要具备良好的语言表达能力和人际交往能力。沟通能力强的孩子，善于语言的理解和运用，也能有效地与人交往实现沟通。他们喜欢参加团体活动，遇到苦难时会找人帮助。而沟通能力弱的孩子，不喜欢参加集体活动，遇到困难时也常跟自己较劲。那么孩子沟通能力弱的原因有哪些呢？

1. 缺乏型心理 词汇量缺乏致孩子性格内向

语言，是人类社会交往与思维最主要的工具，宝宝掌握了语言，就意味着他们开始学会运用语言来表达自己的情感和喜恶，来认知和探索周边的世界，来和他人沟通。但有的宝宝说话晚，语言跟不上思维，加上部分家长性格内向，不爱说话，宝宝得不到语言环境的刺激，没有说话的模仿对象，也就变得沉默寡言，不善与人沟通。

2. 自闭性心理 电子产品让孩子变得自闭

现代家庭大多以孩子为中心，过分溺爱孩子，导致幼儿"有求必应"，孩子身边总有人，不需要其他人来陪伴自己玩；家长总认为"只有"自己的孩子是最棒的，形成了幼儿"虚高"的自我评价，让孩子处处以自我为中心，不屑与同龄人交往；另外，大人总让着孩子，而与同伴交往，他就需要协调、商量，甚至还要想办法解决冲突，所以

孩子只愿意与成人交往。还有，现代电子和通信技术发达，孩子过早接触电子产品，足不出户就可以享受到电子游戏、电视和互联网带来的娱乐，缺少与同伴之间的交往动机。

3.记忆型心理　失败使孩子产生消极的心理阴影

孩子初学语言时，常常有发音不准确的情况，大人可能会无心嘲笑孩子，而孩子这时候自尊心得到较大发展，大人的嘲笑，让他们不愿意再说话。另外，孩子可能需要表达，想陈述自己的意见和想法，但是很少得到亲人和家人的回应，甚至遭到反对，使得孩子觉得：我的需要和表达是不被需要和没有价值的。失败的沟通经历，让孩子产生了心理阴影。

4.限制型心理　环境束缚使孩子缺乏沟通对象

现代城市的居住环境，让孩子的交往沟通空间受到限制。而有的家长对孩子过分宠爱，担心孩子的"人身安全"，怕孩子出门遇到车，或者被同龄伙伴抓咬，不准走街串门。缺少正常的交往环境，让孩子失去了与人交往的机会，会导致孩子缺乏交往的基本技能，他们见到生人会胆怯，更不会主动找小朋友玩。

家长执行方案：正确引导，帮助宝宝提高沟通能力

良好的沟通能力需要敏捷的思维能力，和很强的表达能力，因此，培养宝宝沟通能力其实是对能力全面的培养。

宝宝最初的沟通方式就是哭，情绪也是沟通的一种方式。随着宝宝语言能力的提高和交际能力的提高，孩子才能慢慢提高沟通能力。孩子的沟通能力需要心理达到一定成熟程度，还需要不断学习和积累经验。家长对此要有一颗宽容的心，给孩子足够的时间和空间来发展自己的沟通能力。

制胜绝招一：正确处理孩子的发音问题

孩子在学习语言的过程中，肯定有吐字不清晰，甚至沾染了其他口音和错误发音的地方。这是非常正常的，每个人在学习语言的时候都会遇到。家长这个时候给予孩子的是鼓励和支持，而不是模仿和嘲笑。模仿和嘲笑会让孩子羞于学习，羞于开口。鼓励和支持才会给孩子学习的信心。因此，家长在孩子发错音的时候用正确的发音重复一遍他的话。孩子就会明白自己哪里错了，多练习几次，很快就能学习到正确的吐字发音。

制胜绝招二：发挥故事、诗歌和儿歌的作用

故事、诗歌和儿歌，绝对是帮助宝宝学习语言表达和沟通能力的最佳选择。经典的儿童故事，不单能够教给孩子勇敢、诚实、勤劳和爱，同时也是一个非常好的语言学习课堂。家长要选择符合孩子心理的故事书，自己先浏览一遍，然后最好不看书给孩子绘声绘色地讲出来。还可以教孩子念简单易懂的诗词，并让孩子感受诗歌的意境。歌曲是孩子们接受和掌握语言的最佳形式，家长可以经常教孩子唱儿歌。教不是目的，要让孩子学会自己讲故事、念诗歌、唱儿歌，家长做好听众。

制胜绝招三：鼓励孩子参加社交活动

对于内向的宝宝，家长要鼓励孩子参加社交活动。平时在家进行模拟训练，模拟购物等游戏。等宝宝在家里很熟悉了，可以带宝宝出门实践，带宝宝到商店购物，鼓励宝宝自己跟店员沟通。如果附近有幼儿园或者有孩子聚集玩耍的地方，家长可以带孩子一起加入。孩子刚开始可能害羞，家长可以慢慢地脱离孩子的视线，让他适应和同龄伙伴在一起的乐趣。

NO.3　适当展现自我——提高孩子的表现欲

有的孩子是人来疯，人多的地方话特别多，恨不得让大家都听他一个人说。在幼儿园，只要老师和孩子互动，他疯狂举手，让老师叫自己。对待这样的孩子，家长不知道是鼓励，还是压制？

其实，这是孩子的表现欲，是孩子积极心理的表现，应该得到适当的鼓励。相反一些家长还忧虑孩子太过害羞，总不愿意自我表现呢！

肖肖从小表现欲就很强。八个月学会了再见、摇头、点头等动作，每次家里来了客人，奶奶就叫："肖肖，给叔叔摇摇头！""肖肖，给阿姨拍拍书！"小家伙总是高高兴兴地把这些动作做一遍。十个月之后，他见到家里人之外的人，会有意地做一些动作逗大家开心。

慢慢地，肖肖会走了，奶奶和妈妈经常带他去公园里玩耍。公园里小孩子也多，他们一起吵吵闹闹的。但肖肖的声音总是最大，说的

话也最多。还动不动走到大人面前，甜甜地说："我来给你们唱歌吧！"大家越夸她，她表演得越卖力。

让妈妈生气的就是，每次在大人聊天的时候。肖肖的表现欲又来作怪，一定要插大人的话。真是没礼貌！妈妈说过她很多次，她总改不掉。

上幼儿园后，肖肖很快就适应环境了。老师说，入园的第三天，肖肖就表现出比其他孩子活泼，话多。一次上课，老师教孩子们认识物体，为加强互动，老师提问："哪个宝宝家里有衣柜啊！"话音刚落，肖肖就大喊："我家有我家有。"老师说："那你应该举手，经过老师允许后站起来回答好不好？""好。"肖肖站起来，但又忘记了老师问的是什么了，让老师哭笑不得。

每次上课互动，肖肖都要举手，不管她有没有听懂问题，会不会回答，反正总要先把手举得高高的。如果老师没有喊她起来回答问题，她继续大喊"老师，我知道我知道。"老师如果还不理，这小家伙就开始哭了，弄得老师没办法，害怕伤害了孩子的积极性，只好每次都点她。

专家聊天室：宝宝表现欲的心理原因

表现欲，是人将自我价值在他人面前显示出来，以求得肯定与传扬的一种欲望。这是人的发展天性，是人所特有的心理欲望。孩子在婴儿期在成人的爱抚和逗引下，就开始表现自我，比如哭和笑。到了幼儿期孩子的表现欲更是特别强烈，尤其是学会某项技能之后，就立即向大家展示。

表现欲是孩子一种积极的心理品质。孩子的表现，是为了得到关注，得到认可，同时感觉自己实现了价值。当表现心理需要得到满足时，

便会产生一种自豪感，自豪感会转化为自信心和上进心。

1. 自查型心理 学习和检查自我能力的提升水平

学会了某项技能，表现出来才能知道自己是否掌握。孩子也是一样，他们把经过思考、领悟的思想感受，对客观事物的认识，通过用一些语言或动作表现反映出来，从中得到巩固和深化，发展了聪明才智，形成了能力。所以，表现是幼儿学习和检查自我能力的一种重要方法。

2. 瞩目型心理 渴望被别人关注和认可

从根本上讲，所有人的社会行为都是在表现自己。如果我们的行为得到了社会的认可和肯定，那么我们的内心就会充满幸福、愉悦和快乐，反之，如果我们的行为得不到社会的接受和承认，那么我们就会觉得孤独、乏味、郁闷。孩子的自我意识发展到一定阶段，必然会喜欢别人的注意，希望得到关注，于是就有了表现欲，向外人展示自我，表现自我。而现实生活中，家长宠溺孩子，只关注孩子物质需求，很少给予精神上的足够关注。孩子感到苦闷、孤单，表现欲也会增强。

3. 自信型心理 通过表现来认识自我价值

自己的表现行为如果获得成功，孩子会感觉到快乐，肯定自己过去的行为，对未来的行为更具有信心；反之失败了，孩子会感觉自己的表现不够好，多努力，下一次正确成功。表现行为可以增强幼儿的

自我意识，认识自我价值。而这种表现中形成的自我意识会促进幼儿的进取精神和创造精神的发展。

家长执行方案：如何合理地激发孩子的表现欲

儿童的表现欲受好奇心的驱使，具有求奇、求变的创新倾向。心理学研究表明，孩子的表现欲望大小与性格特点有关，性格外向的儿童胆子大，表现外显；性格内向的儿童胆子小，表现内隐。表现欲太强的孩子，家长要适当予以引导，让孩子合理表现，以免滋生虚荣心理；而对表现内隐的内向型孩子，家长应激发其表现欲，鼓励他们大胆表现自己的才能。

制胜绝招一：把孩子当做一个独立的个体

在家长眼里，孩子只是孩子，不具备大人的特质，大人聊天时"小孩子少插嘴"。这个严格的家规，让孩子无法大大方方地面对客人，只能躲在角落里，自己感觉被冷落的滋味。而在国外，家长把孩子当做独立的个体，在客人到来时，正规地向客人介绍自己的孩子，孩子则伸出手大大方方地跟客人握手问好。孩子是家庭中的一分子，在客人到来时要让孩子感觉到"我也是主人"，把孩子介绍给客人，这样可以使孩子不觉得受到冷落。否则把孩子当做大人的附属品，抑制孩子的表现欲，让孩子变得内向胆小。平时多带孩子出门，多与人交往，给予孩子足够的自由来表现自我。

> **制胜绝招二：家庭管教要适度适量**

家长总希望自己的孩子性格稳重，不要太聒噪，没有一点规矩。这样严厉的管教，让孩子没有一点轻松和自由的感觉。一旦客人来访，孩子觉得大人不好意思在客人面前训自己，就"放纵"起来，而客人的夸奖或与之嬉戏，更激发了孩子的表现欲。而这种情况下的表现欲都显得幼稚、盲目、冲动和外露。

> **制胜绝招三：针对表演欲不强的孩子要鼓励**

有些孩子表现欲不强，主要原因还是缺乏自信，担心得不到认可。针对这样的孩子，家长要用心发现孩子的特长，并帮助孩子发展特长，来树立孩子的自信心。可以让孩子在家人面前多表演特长，如唱歌、跳舞、数数、背诵古诗、讲故事等等，家长加以适度表扬。等孩子有信心在外人面前表演了，家长可以创造表演的机会，让孩子去表演。当然，要让内向型孩子迎着外人的目光勇敢地展示自己不是很容易，可以先在熟悉的环境里尝试表演，逐渐提高孩子的表现能力。表现能力提高了，自信心也跟着提高，表现欲也就增强了。

NO.4 十万个为什么——正确对待问题型宝宝

孩子好奇心很重，看到任何不懂的事情都要追问，而且一问到底，

让家长感觉好笑，又烦不胜烦。家有爱提问的宝宝，家长真的感觉烦人吗？理解了宝宝爱提问的心理原因，家长会庆幸自己有一个问号型宝宝的。

3岁的小豆豆，活泼好动，每天都有十几个问题问。奶奶60多岁了，豆豆很多问题奶奶都回答不了。比如，太阳为什么早上出来，晚上不出来呢？房子一直站立着，它不会累吗？我是从妈妈肚子里哪个地方爬出来的？等等，诸如此类，奶奶想用专业的解释吧，怕豆豆听不懂。不解释吧，她又一直提问。奶奶感觉自己的脑子承受不了了，叫嚷着她带不了了。妈妈还要上班，只好把豆豆送到姥姥家。

姥爷是教师，应该可以应对豆豆。到了姥爷家，豆豆摸着姥爷的白胡子问，我怎么不长这么好看的胡子啊？跟姥爷出去散步，豆豆问，河里的鱼都是什么时候学会游泳的？姥爷性子好，很耐心地给她解释。姥爷的回答也充满了童趣，经常惹得豆豆哈哈大笑。

一天早上，豆豆起床尿尿，姥姥帮她把裤子提好，豆豆又问："姥姥为什么我跟你一样尿尿要坐着呢？姥爷尿尿的时候也是坐着的吗？"姥姥笑了，却不知道如何回答这个问题，只好敷衍她说："豆豆和姥姥是女的，女的尿尿就要坐在马桶上，姥爷是男的，男的尿尿可以站着。""为什么要站着呢？为什么不跟我们一样坐着尿尿呢？"姥姥只好说："也可以坐着尿尿。"豆豆见问不到什么结果，又去缠着姥爷问……

专家聊天室：解析宝宝爱发问的心理原因

心理学研究表明，提问题是思维活动的起点。好奇、好问，不满足一知半解，是一种非常可贵的思维方式。而童年处在创造力的萌芽

阶段，好问好学能够提高孩子的创造力。让孩子从小养成敢疑善疑、大胆思考、灵活思维的习惯就显得尤为重要。

1. 学习型心理　锲而不舍寻求理想答案

孩子天生好奇，面对新奇的世界，他们总想搞清楚、弄明白，于是就有"十万个为什么"。这是孩子学习的一种方式。心理学研究表明，幼儿从 2 岁开始积极向周围世界学习，3 岁时即能认知因果关系。在学习的过程中，不懂的问题太多了，只能向大人请教，不厌其烦地问"为什么"。例如"为什么我会有耳朵？""为什么要关灯？""为什么蛇没有耳朵也能听见声音？""为什么姐姐比我高？"等等。大人对孩子这样多的问题常常感觉烦，因为有很多问题家长没有办法回答，所以经常敷衍了事。研究显示，如果大人对孩子的提问敷衍了事，孩子们锲而不舍重复提问的可能性比获得认真回答后重复提问的可能性高一倍。

2. 依赖型心理　惰性思维致使孩子懒于思考

爱问问题，说明孩子大脑在思考，是孩子探索精神的体现。可是现在的孩子身边总是围绕着一群大人，"小皇帝"的中心地位，让孩子习惯有了问题就求助与身边的人。他们能看到新奇的事物，想知道这事情到底怎么回事，但是却懒于动脑，懒于思考，习惯性地问身边的大人。这种依赖心理，让孩子的问题很多。

3. 深化型心理 明知故问可以帮助孩子加深记忆

宝宝从 2 岁左右开始热衷于记各种事物的名称，无论碰到什么，都会问"这是什么呀，那是什么呀？"这是孩子"第一期的问题阶段"开始了。他们的问题都非常简单，基本上都是一些常识。但有些家长发现，孩子太调皮了，很简单的问题，他们喜欢不停地重复，明知故问，开口就问，反复地问，问得父母头晕。其实，孩子是在用提问的方法来帮助他们记忆。

家长执行方案 应对"十万个为什么"宝宝

著名教育家陶行知先生说过："发明千千万，起点是一问。禽兽不如人，过在不会问。智者问得巧，愚者问得笨。人力胜天功，只在每事问。"一般说来，好问的宝宝，就是好学的宝宝。他们提问题，说明脑子灵活、善于观察和思考，家有一个问号型宝宝，家长应该庆幸。面对孩子的"为什么"，父母要认真对待，不可敷衍了事，呵护宝宝的好奇心，启发孩子动脑思考。

制胜绝招一：针对问题少的宝宝，锻炼孩子的胆量

孩子不喜欢提问题，更是家长头疼的事。有的孩子胆小，不敢与生人接触，不敢在大庭广众下说话，即使心里有很多疑问，也不敢说出来。对这种孩子，家长一定要反思自己的教育方式，是不是专制的、粗暴的、压抑的，如果是一定要改正，给孩子营造轻松愉快的家庭氛围。

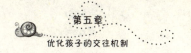

同时，要设法经常锻炼孩子的胆量，比如鼓励孩子到邻居家借东西，到商店买东西，鼓励孩子去交朋友。实践多了，胆子就大了，也就敢于问别人了。

制胜绝招二：偶尔装糊涂，启发孩子思考

针对依赖型宝宝，家长不能对孩子的所有问题都包办回答，应该想办法引导孩子主动去思考。不要所有的问题，都以直接回答的方式来告诉孩子，而可以慢慢启发孩子的思维，来帮助他想到问题的答案。最好的办法是偶尔装糊涂，表示"哎呀，我都想不起来了"，同时引导宝宝"我们一起来找答案吧！"这种方式一方面增强孩子的自信心，他会觉得原来并不是我不知道啊，或者他知道答案，只是不敢确信是对的；另一方面发动孩子一起动手、动脑找答案。这种方式可以开发孩子的大脑，培养孩子积极思考的能力和自学能力。

制胜绝招三：新颖的回答方式，丰富宝宝想象力

孩子的提问方式是孩子式的，家长的回答如果是成人式的，就很难让孩子理解，更别说深刻地记住了。有的宝宝喜欢反复问同一个问题，家长不要说"这个你问过了"，一定要配合回答，同时换个角度引导宝宝思考与此相关的其他问题。其实，孩子的发问不一定要给唯一正确的答案，更何况孩子有些奇怪的问题根本没有一定的答案。家长可以描述一种超自然的现象，逗孩子发笑，同时丰富了孩子的想象力。总之，面对打破砂锅问到底的孩子，家长不需要显示很有学问，不一定立即给出正确答案，可以用一些有趣的技巧来回答，让宝宝的

世界充满乐趣。

NO.5 不喜欢幼儿园——淡化孩子的心理压抑

孩子莫名其妙肚子疼，在医院又查不出有什么病；毫无缘故拒绝吃饭，什么样的美食都诱惑不了；总是不喜欢去幼儿园，怎么劝说都没有效果；总是有一些莫名其妙的忧虑等等，如果你的孩子有这些症状，孩子很有可能是心理压抑。

家长们，你们知道你的孩子为什么会心理压抑吗？怎么帮助孩子释放不良情绪呢？

小宝3岁了，可以上幼儿园了，妈妈也可以上班了。于是，妈妈高高兴兴地给小宝穿戴整齐后，送他去幼儿园。

在车上，小宝请求妈妈说："妈妈，我可以不去幼儿园吗？"

"不行！你去幼儿园可以学很多东西，交很多朋友。再说妈妈要上班，也没时间照顾你了！"

"我不要交朋友，妈妈你去上班，我一个人在家。"小宝祈求道。

"你必须听妈妈的话！去幼儿园！"妈妈坚决地说。

妈妈的语气让小宝伤心不已，他大哭起来。

妈妈大声斥责："哭，哭什么哭，再哭还是要送你去幼儿园。"

小宝眼泪在眼眶里打转，但最终没有掉下来，他生气地把头扭向车窗外。

到幼儿园门口，妈妈把小宝交给了老师，小宝不哭也不闹，只是用乞求的眼神看着妈妈。妈妈觉得心疼，但狠狠心扭头离开了。

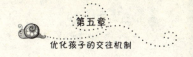

下午去接小宝，老师说："小宝今天很乖噢，一点都没哭。"妈妈高兴地抱起了小宝，但小宝却没有一点高兴的神情。一路上也不说话。

第二天上午，小宝同样乞求妈妈不想去幼儿园，这次掉了眼泪。妈妈呵斥他："都男子汉了，还掉眼泪。都给你说过了，你必须上幼儿园，不听话我就不管你了！"小宝抽泣着去了幼儿园。

妈妈知道小宝不适应幼儿园环境，但没有哭闹，估计过几天就好了。妈妈放心地上班去了。

一个月后，小宝好像已经适应幼儿园了。但是爸爸却给妈妈说："我们小宝好像变了一个人，不再像以前那样活蹦乱跳了。"

妈妈说："去幼儿园学到东西了，应该长大了吧！"

专家聊天室：解析孩子心理压抑的原因

压抑是一种人类最基本的防御机制，当个体感到困扰或痛苦时，会把这些意识不能接受的冲动阻断在意识域之外，从而使自己觉知不到，解除自己心理上的紧张与负担。然而，压抑不能消除困扰和痛苦，只是把这些冲动从意识的境界转入了潜意识的境界。当被压抑的情绪积累到超过意识管制的能力，人体的人格完整性就会被破坏，从而形成心理异常或障碍。

在大人眼里，孩子都是无忧无虑的。但其实，大部分幼儿都有过压抑心理的不良情感体验。压抑会严重影响孩子的心理健康和身体健康，影响孩子健康人格的发展。家长对此应该高度重视，了解孩子心理压抑的原因，帮孩子释放不良情绪，让孩子从压抑中走出来。

1. 孤独型心理 活动范围狭小让孩子产生孤独感

现代社会人与人的交往越来越少，很多家庭都住在高楼大厦中，与邻里朋友走动少，导致孩子的活动空间减少。活动空间减少，意味着在一定程度上限制了幼儿从事内外活动的机会。幼儿在活动中产生的愉悦情绪会冲淡压抑情绪，而高楼大厦中生活的孩子这种体验机会很少。又因住在高楼，孩子缺少同龄玩伴，跟同龄人交流的机会太少。没有适当的户外活动，没有可以交流的同伴，孩子好动好玩的天性受到了抑制，由此产生孤独感、压抑感。

2. 压力型心理 期望过高使孩子压力倍增

适度的期望在一定程度上可以激发幼儿积极向上，化压力为动力，但现代父母给独生子女的期望远远超出孩子的承受能力，为了达到期望，家长强迫孩子参加各种各样的培训班，没有考虑过孩子是否喜欢，是否愿意，这样的教育不仅起不到激励作用，反而增加了孩子的心理负担。另外，家长不正确的教养方式，或过分溺爱，致使孩子心理承受能力差；或粗暴专制，孩子感受不到家庭的温暖。这两种教养方式，都会让孩子产生失落、失败、被压抑等消极的情绪体验，容易形成不良的心理品质。

3. 差异型心理 家长否定致孩子负面情绪深化

所有人都知道，幼龄孩子高兴的时候就会笑，难过的时候就会哭，

这些都是人的正常情绪。但是家长总是否定孩子的负面情绪，不允许孩子释放，比如孩子遇到困难或疼痛哭半天，家长要么斥责孩子"不准哭！哭什么哭！"要么嘲笑孩子"男子汉还哭呢！羞！"使得孩子正常的情绪发泄受到阻止，虽使孩子暂时压抑了内心的紧张情绪，但时间长了，肯定会让孩子感觉心理压抑。事例中小宝妈妈否定小宝不愿去幼儿园的负面情绪，导致小宝情绪受到压制，慢慢的影响了小宝的性格发展。

家长执行方案：如何帮宝宝释放情绪

一些研究表明，孩子总处在压抑情绪中，会影响孩子的心理健康；同时，会降低孩子对疾病的抵抗力。孩子有坏情绪时，大人给一颗糖哄哄，可能会暂时让孩子的坏情绪停下来，但却让坏情绪长期压制在心里，总会有爆发的一天。

心理学上认为，这些被压抑的情绪在人的身体内积攒多了，会形成情绪结，当人需要一股力量去做某件事时，情绪结就会起作用，在做这件事之前形成负面的情绪。

制胜绝招一：正确看待孩子的负面情绪

孩子天真烂漫，想笑就笑，想哭就哭，他们通过大哭或发脾气来发泄坏情绪，不会让不愉快的事情长期滞留在心中，这样对孩子的身心发展是有益的。只要不扰乱别人的正常学习和生活，不伤及别人，就没有什么对和错之分。家长应该理解，并接纳孩子的坏情绪。当孩子伤心时，不管是男孩还是女孩，家长应该鼓励孩子哭出来，或说出来，

或者用其他方式表达出来，而不是让孩子默默承受。当孩子诉说时，家长可用应答、点头等方式表示赞同，并结合自身的感受与幼儿达成共鸣。家长的态度让孩子感到莫大的安慰，让他不至于感到心理孤独。孩子让情绪自然地流露，这是良好的心理习惯，我们应该无条件地接纳，甚至鼓励孩子的这一习惯。

制胜绝招二：还孩子一个自由的童年

自由的活动有利于孩子释放出积累起来的负面情绪的能量，有利于孩子的身心健康。然而，很多家长成龙成凤心切，希望把孩子培养成优秀的孩子，自作主张帮孩子报学琴、学画、学外语、学舞蹈等训练班。孩子从幼儿园回来，很希望有充足的时间来做自己想做的事情或者喜欢的游戏，却被逼着去各种各样的班里学习。在家长的控制下，孩子的生活很压抑，很被动，长期以来形成压抑心理。所以，家长应该尊重孩子的天性，给他们充足玩耍的时间，也要尊重孩子作为一个独立个体应有的自由权利，让孩子在幼儿园之外自己选择游戏或学习。

制胜绝招三：鼓励孩子大胆交际

心理压抑的孩子常常觉得孤独，找不到可以倾诉的人。家长可以经常带孩子到户外公共场所，见识各种各样的事物，结识一些同龄朋友。同龄朋友之间充满童趣的游戏，可以愉悦孩子的情绪，从而淡化压抑的情绪。家长还应该教会孩子与他人融洽相处，不仅要和同龄孩子交往，还和其他邻居、老师等社会人交往，良好的交际氛围，有助于培养孩子乐观向上的性格，对孩子的身心健康将产生深远的影响。

NO.6 孤僻沉默型宝宝——如何让孩子远离"选择性缄默"

多数幼龄儿童有几个通病，其一，孩子在熟人面前活蹦乱跳，一见到陌生人就畏畏缩缩，沉默寡言；其二，多数孩子性格内向，不爱讲话，不爱与其他人接近、交往，对别人的呼喊没有反应，也不跟人打招呼；其三，有些时候他们对亲友无亲近感，缺乏社会交往方面的兴趣和反应，不爱与伙伴一起玩耍。

如果您家的宝宝有这些表现，那说明您的宝宝很有可能是孤僻沉默型宝宝。家长也不要着急，在寻找原因的同时对症下药，帮助宝宝从孤僻心理中走出来。

张女士不苟言笑，平日里除了工作，就是回家，社会交际面十分狭窄。丈夫刘先生也很严肃，做事一板一眼，极少有娱乐活动，除非是工作应酬，但那都是极少的。两个人当时是相亲结的婚，性格没多大冲突，但婚后感情冷淡，没多少交流。

婚后一年，他们有了宝宝燕儿。也许是遗传因素，张女士在燕儿几个月的时候就发现了孩子性格内向。别人的宝宝6个月就明显表现出想跟人交往的欲望，见到陌生人会主动笑，有的还会发出"哎"的声音来跟人打招呼。但是燕儿直到8个月才对一些感兴趣的陌生事物表现出小小的兴趣，总是躲在妈妈或奶奶怀抱里，连对见面少的爸爸都表现出胆怯。

慢慢地，燕儿会自己玩耍了，总喜欢一个人坐在那里玩耍，或者看电视。只有在家人陪她玩玩具的时候，燕儿才表现得非常高兴。但一旦有其他人出现，她立即没有了笑容。从不喜欢跟其他小朋友一起玩耍，每次带她到小区公园里玩，她都不愿意跟小朋友们一起玩耍滑

梯、沙子等。

上幼儿园后，妈妈想着幼儿园孩子多，燕儿性格应该会变得开朗的。但没想到，燕儿对幼儿园环境极为排斥，刚开始的半个月，每次送她去幼儿园她都大哭，等妈妈走了之后她还一直哭，哭完了就一个人坐在那里扣指甲，或者看别人玩耍。等她不再哭了，妈妈舒了一口气，但老师却告诉她，燕儿都来了一个月了，上课的时候从不发言，老师提问她好像没听到一样，一下课就坐一个角落玩积木，一玩就是好长一段时间。

专家聊天室：解析孩子孤僻心理的原因

孤僻是我们常说的不合群，指不能与人保持正常关系、经常离群索居的心理状态。孩子有孤僻心理，其表现就是沉默寡言，不合群。孩子孤僻心理很有可能引起孤独症，也就是自闭症，成为孩子心理健康的一大杀手。有心理学家曾预言："21 世纪心理疾病将成为人类一大祸害，性格孤僻的幼儿很可能导致孤独症、自闭症等心理疾病，严重影响幼儿将来一生的发展。"

2001 年，我国卫生部、公安部、中国残联和国家统计局在联合国儿童基金会的支持下，组织了 0-6 岁残疾儿童的抽样调查，包括听力、视力、智力、肢体、精神等五类残疾。调查结果表明，孤独症、不典型孤独症、脑器质疾病和癫痫，是精神残疾儿童致残原因。中国每年新增 0-6 岁精神残疾儿童约为 1.5 万人，其中孤独症为 10 万人。

孩子孤僻性格都有一定的原因，遗传是一个因素，但遗传的只是内向的性格，内向性格并不是孤僻心理的直接诱因。孩子孤僻心理大都是后天环境中形成的，有的是受了家庭环境影响，有的是不当教养

方式导致，有的是因为受过刺激、伤害等等。心理学上把引起孩子孤僻性格的原因概括为以下四个方面。

1. 内向型心理　家长忽视"听话"宝宝心理发展

　　幼儿的心理健康和身体健康是同等重要的问题，但是，在幼儿教育过程中，人们往往只重视生理健康而忽视了心理健康。很多家长觉得孩子能吃能喝，身体健康成长，觉得万事无忧，忽视孩子的心理。尤其是一些内向"听话"的宝宝，平时表现得比较安静、胆小，大人们觉得这样的宝宝不会给他们惹事，平时很少关注。反而是那些性格外向活泼的孩子因为不高兴了就哭、心情好的时候大笑、该闹的时候闹、不满意的时候就反抗，家长觉得这样的孩子不听话，总会花费更多的时间和精力关注。这样一来，听话型宝宝就在家长的忽视下成长。他们表现很安静，但内心一些波澜表现不出来，家长就看不到，无法了解孩子内心的痛苦和孤独，孩子的性格逐渐更加孤僻，形成心理障碍。

2. 缺失型心理　消极的家庭氛围弱化孩子的心理

　　孩子的性格会变得孤僻，家庭环境影响很大。良好的家庭环境是孩子健康成长的摇篮，但是很多孩子都没能在一个和谐充满爱的家庭中成长。有的父母感情不和，或在家成天争吵不休，或成天板着面孔对待孩子，让孩子得不到应有的关怀和爱。有的父母性格暴躁，动不动因一点小事斥责打骂孩子，使孩子对父母望而生畏，心情总处于紧张状态，导致孩子更加不愿说话。还有的父母离婚或病故，生活在单

亲家庭，缺少应有的家庭温暖，过早接受了人世间的烦恼、郁闷、焦虑的不良体验，幼小的心灵上留下一道很深的伤痕。没有爱的家庭环境，家长很少与孩子进行心灵的沟通，使得孩子心理压抑，精神紧张，惶恐不安，久而久之变得沉默寡言，难以合众，出现悲观、孤僻、冷漠、自卑等心理。

3. 封闭型心理 封闭式环境造成"喜旧厌新"

任何人都是在一定的环境中成长的，儿童的发展离不开其生活的环境。随着城镇化的发展，居民住宅从平面发展到空间、由开放的平房条件发展到封闭的高层单元房，给独生子女带来了闭塞式的生活环境。加上家长对孩子过分保护与溺爱，担心孩子出去有什么不好的事情，将孩子的生活空间局限在小小的一扇门后面，让他们与玩具、书刊、画报、电视等为伴，使孩子和社会接触减少。这种封闭式生活环境，一方面让孩子缺少了交往动机，不愿意与他人交往；另一方面，让孩子形成"喜旧厌新"的性格，在熟悉的环境里待太久了，到陌生的环境中就很难适应。尤其是幼儿园，一切都发生了变化，让孩子很难接受这种变化，出现诸如大哭等抗拒心理，在抗拒无效后，慢慢变得心理自卑、行为退缩，不会主动与父母、教师、小伙伴交流思想感情，害怕参加集体活动。

4. 电视孤独症 从电视媒体中获得依赖和满足

大众传媒对于孩子的性格也有一定的影响。自从电视这一强势媒体问世后，就以不可抗拒之势渗透到社会，孩子一出生后就生活在这

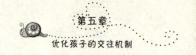

样的环境里，对电视里的声、色、画面渐渐产生了兴趣。而大都市的父母大多忙于工作，看到孩子看电视就很安静，不闹事，就渐渐地把电视当成了孩子的"保姆"。或者请保姆来带孩子，不负责任的保姆不会关注孩子到底玩什么，就让孩子长期在电视机旁。孩子是非观念差，并不知道看电视对自己有哪些危害，久而久之对电视的依赖程度越来越深。长期依赖电视，造成孩子缺乏一定的人际交流，逐渐变得孤僻、不愿意与人交往，不愿意参加活动，只从电视媒体中获得依赖和满足，造成"电视孤独症"，妨碍幼儿社会性的发展。

家长执行方案：如何让孩子预防和纠正孩子的孤僻

性格孤僻的幼儿沉默寡言，不愿与他人交流、游戏，尽管积累了许多词汇，但是他们在语言发展的过程中几乎处于停滞状态，影响幼儿语言能力的发展；孤僻沉默的幼儿由于缺乏交往及同伴间的游戏，其社会性水平往往比较低很难适应社会。总之，孤僻沉默型性格对孩子的身心发展极为不利，家长要引起重视，在教育中防微杜渐，如果孩子出现孤僻心理的苗头，一定要加以纠正。

制胜绝招一：关注孩子心理，创造温馨友爱的家庭氛围

家是孩子缠绕的藤，欲要藤上结出甜瓜，必须有个好家。好的家庭，并不单单是优越的物质环境，更多的是温馨友爱的家庭氛围。父母把孩子带到这个世界上，必须负有抚育孩子的责任，而这个"抚育"更倾向于把孩子培养成一个积极健康、对社会有用的人。首先要给孩子创造一个良好的家庭环境，夫妻感情和睦，让孩子感受到爱，平时

和孩子多一些交流，尊重孩子理解孩子。其次，教育方式上拒绝粗暴式，温和的教育方式更能让孩子愉快接受。第三，多陪伴，多付出。爱是预防和转变孩子孤僻性格的前提，没有"爱心"，再好的方法也不可能奏效。总之，家长是孩子的第一任老师，一定要用爱来教育孩子，让孩子在温馨、和睦的家庭环境中健康、快乐地成长。

制胜绝招二：耐心对待，积极评价

孤僻内向型的孩子自尊心都很强，他们自我意识的发展较快，尤其看重家长，老师对自己的态度以及如何评价自己。因此，尽管孩子做再怎么不好，父母都不能随意批评、否定孩子，这样只会让他丧失自尊心和自信心，觉得自己什么都不会，做什么都不如人。而且父母的斥责和批评会让孩子关闭心灵的大门，家长只有多运用表扬、鼓励的方式，让孩子得到心理上的满足，顺其自然地让孩子道出心声，达到交流的目的。当然，对待这样的孩子更需要耐心，用温柔的爱慢慢融化孤僻型孩子的心灵，如爱抚、点头、微笑、夸奖等，让孩子慢慢从孤僻性格中走出来，变得自信、开朗起来。

制胜绝招三：扩大交际空间，建立良好的同伴关系、师生关系

交往既是人的需要，也是现代社会对人的要求。没有哪个孩子喜欢孤独，天生喜欢生活在自己一个人的世界里。这需要家长创造开放的交际空间，让他学会并乐于与人交往，帮助孩子建立良好的同伴关系和师生关系。可以带孩子到户外和其他孩子一起做运动，心理学家的试验结果表明运动刺激对儿童心理发展是很重要的。在运动中，孩

180

子也很容易找到志同道合的同伴。研究指出，同伴关系可以弥补亲子关系的缺失。良好的同伴关系，有利于孩子重新协调人际关系，也是带领孤僻幼儿走出孤僻的有效方法之一。同时，家长要多树立老师的正面形象，让孩子和老师建立良好的师生关系，喜欢上幼儿园。

第六章

解密典型的效应心理学

　　心理效应是社会生活当中较常见的心理现象和规律；是某种人物或事物的行为或作用，引起其他人物或事物产生相应变化的因果反应或连锁反应。同任何事一样，它具有积极与消极两方面的意义。因此，正确地认识、了解、掌握并利用心理效应，在对孩子的日常生活，学习当中具有非常重要的作用和意义。

NO.1　电脑"游戏迷"——如何帮孩子走出禁果效应

　　高科技改变了人们的生活，也包括孩子的生活。大人迷上了手机、电脑等，孩子也迷上了。玩电脑手机游戏成瘾的孩子很多，他们坐在电视机前或者不停拿着手机看，也不跟小朋友玩，如果家长把他从电视机前拉走，或者拿走手机，他就耍脾气，烦躁不安。让他看书或画画，很难集中注意力。

　　7月到了，暑假来了，上班族兼做妈妈的马女士的烦恼也来了。为了工作和照顾孩子两不误，她为果果请了一个保姆，在上班时间让保姆来照顾果果。自己一下班，就赶紧奔回家，跟果果玩游戏，讲故事。然而，马女士实在太忙，常常把工作带回家来做，儿子很乖，每次妈妈工作时他就去看电视。

　　一天晚上，马女士要出去应酬，就让果果一个人待家里。回来时已经十一点多，果果爬在沙发上睡着了，手边放着马女士的 iPad。

　　第二天晚上马女士回来把包一放，果果就在包里翻，拿出 iPad 开始玩。马女士说了声"别玩游戏啊"，就去做饭了。饭做好了，喊果果吃饭，他理都不理，沉浸在游戏中。马女士过来拉他吃饭，他很

184

生气，大喊大叫。马女士也生气了，强行把他拉到饭桌，果果一口饭也不吃，坐在那里生闷气。

周末早上，马女士给果果讲故事，一起看图画书。慢慢地，她自己也没耐心了，就让果果一个人看，自己跑去玩电脑游戏"植物大战僵尸"了。玩着玩着，突然一回头，看到果果正在自己背后，也不知道看了多久。

果果央求："妈妈，让我玩一会。"马女士不相信果果会玩电脑，就让出位置。果果得意地拿着鼠标乱点。马女士就去洗衣服了。回来看到果果已经完全掌握了游戏规则，玩得不亦乐乎。马女士也不当一回事。

又是一个星期的开始，马女士下班回到家，看到保姆还没走，而果果坐在电脑前玩游戏。保姆告诉马女士，果果玩了一天电脑了，不吃饭，也不喝水。保姆走后，马女士开始教训果果，她强行关掉电脑，并规定："以后不准你碰电脑！"果果大哭大闹不睡觉，马女士只好拿出 iPad 让他玩。

后来几天继续如此，而且晚上睡觉还大声地说梦话，"僵尸来了，僵尸来了"。果果爸爸长期在外出差，听说了这事以后劝马女士辞职，专门照顾果果，但马女士又不愿意辞职。

专家聊天室：解析孩子沉迷电脑游戏的原因

什么是禁果效应呢？

"禁果"一词来源于《圣经》，讲的是夏娃被神秘的智慧树上的禁果所吸引，偷吃了禁果，后来被贬到人间。这种禁果所引起的逆反心理现象，人们称之为"禁果效应"。禁果效应的核心——越是禁止

的东西，人们对它越好奇，越想得到。

印证禁果效应的一个著名故事，就是潘多拉的故事。在古希腊神话故事中，有个名叫潘多拉的姑娘从万神之神宙斯那里得到一个神秘的小匣子，宙斯严禁小姑娘打开匣子，但潘多拉非常好奇，很想知道小匣子里到底装的是什么，打开了会有什么后果。于是，她打开了匣子，于是灾祸由此飞出，充斥人间。

就如同俄罗斯一句谚语说的："禁果格外甜"，人们对无法知晓的"神秘"事物尤其感兴趣，好奇心让他们对神秘事物的接近和了解欲望加强。

生活中，我们发现，有些人越是想把某件事或信息隐瞒住，就越容易引起他人的更大兴趣和关注。人们对隐瞒的东西充满好奇和窥探的欲望，千方百计去打探希望知道被隐瞒的事情。结果，本来是想隐瞒的，却被更多人知道了。

关于禁果效应在孩子身上的体现，有人做过这样一个试验：

人们把 5 只不透明的茶杯往下扣着，放在茶盘里，孩子们玩着各自的游戏，谁也没有对这 5 只杯子产生兴趣。这时，试验者偷偷把一块糖果放在一个杯子下面，重新扣上，临走时告诉孩子说："杯子下面放了东西，不要乱动啊！"然后在屋子外面偷看。试验者的话让孩子们很好奇，他们的注意力都转移到杯子上，一个个地忍不住要打开杯子看一看，有的孩子还要把每个杯子翻开仔细观察一番，然后再放好。

如此来看，孩子沉迷电脑游戏，不仅和孩子自身心理有关，也和家长角色的缺失有关。

1. 逆反型心理　家长阻止引发孩子"禁果效应"

孩子天生就具有强烈的好奇心，越是被禁止的东西，他们想要尝试的欲望越强烈。比如玩电脑游戏，很多家长视电脑游戏为"洪水猛兽"，担心影响孩子的视力，更担心孩子游戏成瘾后的可怕后果，便采取了"堵"的方法，或者完全不让孩子接触电脑或游戏，或者在孩子没玩耍之前会告诉孩子电脑游戏是不能玩的，或者在孩子刚接触电脑游戏时，家长大惊小怪极力阻止。家长对电脑的神秘态度和阻止行为，会激发孩子的猎奇心理和逆反心理，他们非要尝试去玩游戏，刚开始只是想知道自己玩游戏会产生什么后果，但玩着玩着就上瘾了。

我们常说的"吊胃口""卖关子""设悬念"，其实跟这个是一个道理，就是利用了对方的期待心理，增强了召唤感。这种"期待—召唤"结构就是禁果效应存在的心理基础。禁果效应并不是说都是负面效应。禁果效应指向的是孩子的好奇心，孩子有好奇心都是好的，但如何不加以合理引导，就会产生负面效应，激起孩子的逆反心理。

2. 孤独型心理　家长角色缺失让孩子沉迷网络

有研究表示，孩子们对于游戏的沉迷和网瘾与父母关心程度有很大关系。

现代社会生活压力大，为了创造优越的物质生活，当了爸爸妈妈的家长们还要为了孩子将来的生活，付出更多的时间和精力去努力工作，拼命赚钱。他们以为满足孩子物质欲望，给孩子吃最好的，穿最好的，玩最高级的，这就是爱孩子的方式，于是把大量的时间放在工

187

作上，忽视了孩子的心理成长。学龄前的孩子更需要家长的关爱，但却无法跟家长一起做游戏、做心灵的沟通，久而久之孩子变得内向孤独，为了转移孤独引起的心理不适，他们沉浸在电脑游戏中。

孩子在封闭的家庭空间里找不到好的兴趣点，家长没有及时帮助孩子寻找兴趣点，这也是孩子走向电脑游戏的一个原因。在计算机时代，孩子接触电脑游戏是免不了的，家长没有及时对孩子进行深层次引导，自制力差的孩子很容易陷入游戏中。

家长执行方案 巧妙运用禁果效应，达到教育效果

当孩子对某一事物过分专注时，会用去更多时间，这就是说孩子对这一事物入迷，这是孩子正常的心理反应。对电脑游戏上瘾，同样如此。

家长首先要明白，孩子玩电脑是永远也戒不掉的。有了电之后，人们的生活再也离不开电；有了电视之后，人们的生活中也有电视相伴；同样，有了电脑，电脑也必将成为人们生活的一部分。阻止孩子上网，这是绝对不可能的。孩子通过电脑可以学习，可以进行正常的人际交往，可以玩游戏消遣。当然，网络上有很多有害的信息，淫秽性、暴力性很强的网络信息和网络游戏并不是没有，而且孩子经常坐在电脑前，缺乏运动，很容易对身体造成损害。但是，只要家长合理引导，指导孩子学会正确利用电脑和网络，就会达到预期的教育效果。同样，在其他方面，家长如果也能够用同样的方式来对待孩子，孩子很快就不会像从前一样"不听话"了。

制胜绝招一：水易疏不易堵，建立正确的第一印象

水易疏不易堵，家长在教育孩子时，多用"疏"的方式，少用或尽量不用"堵"的方式。

在心理学上，上瘾有个阶段过程，当这个过程结束的时候，就完成了上瘾的心理阶段，也是说满足了孩子的好奇心，孩子对这个事物的兴趣就越来越淡。当孩子对某一事物上瘾时，家长如果对这件事不做任何说明，只是简单地禁止，就很容易使这件事更具有吸引力，自然地，孩子会将更多的注意力转移到这件事情上，从而通过偷食"禁果"以使心理平衡。那么家长应该在合适的时间，最好是在3岁之前，帮助孩子认识电脑，认识网络，认识游戏，使得孩子对电脑和网络建立正确的第一印象，即计算机是用来工作和学习的，而不是游戏机。并告诉孩子玩游戏有哪些坏处，有良好的潜意识后，再来规定孩子玩游戏的时间就很容易让孩子接受了。同时，教会孩子怎样利用电脑获取有用的知识，怎样利用电脑来学习。

制胜绝招二：巧用好奇心，发挥禁果效应的积极作用

孩子天生具有强烈的好奇心，如果巧妙地利用孩子的好奇心，就能取得良好的教育效果，使禁果效应的积极作用得到发挥。比如，有个孩子开始对钢琴感兴趣，但学着学着就半途而废了，家长买了一台钢琴藏在卧室里，并告诉孩子不能碰。孩子的好奇心被激起来了，他很想知道这台钢琴爸爸为什么不允许自己动。爸爸告诉他："反正你也学不会，还是放那里吧，省得你给弄坏了。"孩子不服输的劲儿来了：

"我怎么不会啊！"为了证明自己会，孩子偷偷地去学习钢琴。有些家长总是埋怨孩子不听话，其实是教育方式不得当，如果巧妙利用禁果效应，就会让孩子达到自己期望中的样子。

(制胜绝招三：充分陪伴孩子，建立良好的亲子关系)

无论任何时候，家长都要明白，孩子的教育是第一位的，不能因为要给孩子创造良好的将来而忽视孩子的教育，忽视孩子的心理发展。家长抽时间多陪伴孩子，跟孩子一起做游戏，一起看书，一起读故事，一起做户外运动，等等。家长的陪伴让孩子的兴趣变得广泛，交际空间变大，交流的同伴变多，很少会对某一个事物过于关注。如果孩子喜欢玩电脑游戏，这也没关系，家长可以陪伴孩子玩游戏，孩子不会介意多一个游戏伙伴，你就自然成为孩子游戏中的角色，可以自然地发表意见，引导孩子游戏的方向。

NO.2 第二名总是我——让"鲶鱼效应"激发孩子的竞争意识

争强好胜的孩子往往自尊心非常强，爱表现自我，这让家长担心他的性格养成。然而，不爱表现自我，竞争意识差，进取心不强的孩子，也让家长头疼。竞争意识差的孩子，不在乎自己落后于人，总是不好不坏，明明有潜力竞争过别人，却表现得不愿竞争。

对于这样满足现状的孩子，家长或鼓励或激励，似乎并没有起到多大作用。这是因为没有走进孩子的世界，没有了解孩子竞争意识不

强的原因。

三四岁的孩子喜欢和别人比赛，在幼儿园的门口，总能听到孩子们叽叽喳喳地对"接驾"的妈妈爸爸邀功请赏："妈妈！今天我跑步得了第一名！"

"今天老师夸奖我的被子叠得最整齐。""爸爸，今天在班上我的积木堆得最高。"总之，孩子们差不多把每个小游戏都当成一较高下的比赛。

老师请小朋友讲故事，叫了一个平时家长反映很会讲的孩子，而他忸忸怩怩地不肯上前，还说："我讲不好，我不会讲。"镜头二：操场上，老师为孩子发放一些新的玩具，其中有个孩子也拿到了一件，而转手之间，又给别人抢去了，他不敢去争，只好眼巴巴地看着别人玩。镜头三：老师在评红花，只有几个孩子敢于举手提出要求："老师，我能评到小红花，因为我……"而其他的幼儿却不声不响。这些镜头从表面来看，是反映个别孩子的现象，究其本质，却是现在很多幼儿都存在的问题——缺乏竞争意识。

专家聊天室：宝宝竞争意识差的原因

有科学研究表明，孩子在 3 岁到 3 岁半的时候，竞争意识会日益强大起来，他们有自己的一套评判标准，比如吃饭快、走路快等。当然这套标准在不断改变，他们参照这套标准，不断和他人进行比较，从而来评价别人和自己。

这个阶段孩子的竞争是一种本能，他们在竞争中受益，比如学会评价自己和别人的能力，学会与他人相处，学会面对压力，学会应付失败和成功，学会自我展现，等。

有些孩子竞争意识不强，但一定是在某些方面竞争意识不强。而这里面有孩子自身的心理因素，也有家长教育因素，和身边环境的影响。

1. 缺乏兴趣 抗拒心理下应付了事

所有智力方面的学习和工作都要依赖于兴趣，兴趣是孩子竞争意识的原动力。符合自己的兴趣，他们会努力去做；反之，他们不会发挥自己的最大潜力。家长会强迫孩子做一些他们不喜欢的事情，比如让不喜欢音乐的孩子去学钢琴，他肯定是应付了事，不会在乎成绩和结果。但现在的家长大多数都望子成龙望女成凤，凭着自己的意愿给孩子报各种兴趣班、补习班，孩子在被迫的情况下，会产生抗拒心理。

2. 过度夸奖 泯然众人矣

孩子需要夸奖需要肯定，适当的夸奖会鼓励孩子上进，但过度的夸奖，让自我意识薄弱的孩子不能正确定位自己，产生骄傲自满情绪，从而满足于现状，不再努力奋斗，就如同我们熟知的《伤仲永》。生活中这样的例子并不是没有，天赋很高的孩子在幼年表现出比同龄人更加优秀，家长便以此为荣，逢人便向人夸奖自己的孩子，孩子在亲朋好友的夸奖声中，在同龄小朋友的羡慕目光中，逐渐觉得自己已经是最优秀的了，不需要再努力了，慢慢地，便"泯然众人矣"。

192

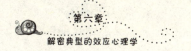
3. 过分指责 唯成绩论英雄的悲哀

心理学上有这样一句话："如果孩子生活在批评中，便学会谴责；如果孩子生活在敌视中，便学会好斗；如果孩子生活在鼓励中，便学会自信；……"家长对待孩子的态度，会影响孩子性格的发展。现在很多家长和老师喜欢用成绩来衡量孩子学习状况，如果孩子成绩不理想，就对孩子指责和批评。孩子本身已经遭受挫折，需要的是安慰和鼓励，家长却给予了指责，这让孩子感受到了伤害，慢慢地变得麻木，不再追求上进。

4. 失败的阴影：过分期望下不得已的失败

著名画家陈丹青说过："中国人一代代总是，自己失败了就逼自己的孩子，孩子长大了再去逼自己的孩子，这就是愚蠢。"家长的遗憾心理在潜意识中发展成了虚荣心理，而孩子就成为自己虚荣心理的牺牲品。于是，家长给孩子过分期望，过分要求，给与孩子遥不可及的目标，让孩子时时事事做到最好，孩子被动的竞争意识让他们过分重视成败。但他们不可能一帆风顺，突然有一天他们遭到了失败，便一蹶不振，觉得时时事事做到最好没有什么意思，同时又恨家长的贪心，便失去了竞争意识，失去了奋斗的动力，对什么事情都表现得无所谓了。

家长执行方案：用合理的教育方案激发孩子的竞争成功意识

现代社会中，处处充满竞争，小到学生间竞争，大到同行同事间的竞争，如果不具备竞争的意识和竞争的能力，一个人很难在社会上立足。因此，要让孩子能适应明天的竞争，成为生活的强者，就必须从小注重对幼儿竞争意识的培养。

制胜绝招一：树立成功模仿典型，进行理想教育

要想孩子有竞争意识，有上进心和进取心，首先要有理想。要让孩子有理想，首先得让孩子有模仿的成功对象。这个模仿对象，家长首先要自己做到，虽然不一定要地位多高，权势多大，但是要让孩子看到家长是自信的，能勇敢地克服困难，能充满活力，追求上进，而不是天天抱怨工作不顺生活不公平。"彼女子，且聪敏。尔男子，当自警。"可以利用故事进行教育，像儿童版的《三国演义》，《西游记》等，或者成功人士儿时的故事，都可以讲给孩子听，给孩子树立模仿对象，让孩子树立远大的理想。在实际生活中，不妨给孩子一些实践理想的机会，比如喜欢体育的孩子可以向奥运冠军刘翔学习，在孩子进行体育锻炼的时候，让孩子知道冠军是要通过汗水和泪水得到的，从而培养孩子的进取心和竞争意识。

制胜绝招二：在家庭中进行适当的竞争练习

竞争是孩子的天性，生活中处处都是培养孩子竞争意识的机会，

194

在家庭生活中，家长可以适当利用一些机会来与孩子做竞争的小游戏。比如"谁先穿好衣服，晚上会给谁讲故事"、"谁先到家门口，谁就可以看半个小时动画片"、"如果你考试得到第一名，周末就可以去游乐场"……这样类似的方法，家长们应该非常熟悉。这些竞争游戏，让孩子学会简单的生活自理，还给孩子灌输了竞争意识。然而，这种竞争游戏不能太频繁，尤其是这种物质奖励的方式，会让孩子认为"我做到了爸爸妈妈才爱我，做不到了他们就不爱我"，从而形成心理压力。

制胜绝招三：适当降低期望和难度，获取成功的满足感

有竞争意识的孩子，一定有进取心，而进取心来自于成功的体验。孩子经常体会到学习的成功和快乐，获得肯定和表扬，这样就使他们喜欢学习，产生自信、进取心。家长要适当降低期望，孩子想要的是快乐而不是天才的光环，家长不要时时事事要求孩子成为最优秀，而要看到孩子的努力，肯定孩子的努力。给孩子布置任务的时候，降低难度，让孩子在目前最大能力范围内完成任务，从而获得自信。对于喜欢尝试新事物，总是大胆尝试的孩子，家长要给予表扬鼓励，使孩子感受到进取后的喜悦。对于进步比较慢的孩子，家长不要指责辱骂要有耐心，表扬他们每一个小的进步，使孩子逐步形成"我能，我行"的自信心理，培养孩子的进取心。

制胜绝招四：分享孩子的成功，培养成功意识

孩子其实很容易感受到快乐。他们做成了在大人看起来微不足道的小事而感到喜悦，他们很想把这种喜悦让最爱的爸爸妈妈分享。这

时候，家长不能给孩子泼冷水，应学会分享孩子们成功的喜悦。家长对他们成功的态度，无形中是一种鼓励，让孩子向着更高的目标去奋进。同时，家长要发掘孩子的优势，帮助孩子发挥特长，并在特长中找到自信，培养孩子的成功意识。在培养孩子竞争意识的同时，要让他们建立正确的竞争意识，让他们明白"获得第一"或者"最优秀"的目的是让自己和别人开心，而不是打压同伴。

NO.3　孩子学习爱走神——诱导和鼓励让孩子精神更集中

很多家长抱怨，自己宝宝3岁以内很难集中精力做一件事，注意力动不动就被吸引到其他地方了，3岁以上到幼儿园开始接触学习了，还是一样那么好动，写字时写着写着心不知道跑哪去了。家长们担心宝宝长大后会不会也是这样呢？

小鲲鲲还在婴儿时期就显得很好动，正吃奶的时候听到任何响动，都会停下来；自己玩某一个玩具，玩了不到几分钟看到其他玩耍的东西，立即又被其他东西吸引了。

一岁半后，鲲鲲完全可以自己走路了。挣脱了妈妈的手，鲲鲲大胆地去玩耍自己喜欢的事情。玩的时候，注意力很不集中。有时候正在院子里玩球呢，看到有人过来，不管是认识的还是不认识的，他都要停下来打个招呼。跟妈妈玩捉迷藏时，如果看到狗或其他好玩的事情，他立即换花样。在家里相对还能好一些，但是只要他没睡觉，家里人不能做其他事，否则他一定会看看这个人做什么，看看那个人做什么，在跟着做会儿事情。玩玩具的时候，如果妈妈陪着他玩，他还

196

能多玩一段时间。

　　慢慢地，鲲鲲喜欢上听故事，妈妈很高兴，以为故事能改善鲲鲲注意力不集中的情况，但是妈妈讲的故事如果鲲鲲喜欢听，还能听完，若是不喜欢听，妈妈只能讲一两句就被打断说他不愿意听了。

　　3 岁鲲鲲上了幼儿园，不像其他孩子害怕陌生环境，鲲鲲却非常喜欢新鲜环境，听老师说，他一连好几天都到处"参观"幼儿园。然而几天后，老师告诉妈妈，鲲鲲做游戏的时候，刚开始几分钟还挺专心，但很快心就不知道飞哪儿去了。如果游戏没结束，而他等不及了，他就自己跑开了，或者去坐滑梯，或者去玩球了。

专家聊天室：解析宝宝注意力不集中的原因

　　法国生物学家乔治·居维叶曾说："天才，首先是注意力。"

　　注意力，是打开大脑学习之门的金钥匙，而且是唯一的金钥匙。保持良好的注意力，大脑才能进行感知、记忆、思维等认识活动。如果注意力无法集中，就意味着有用信息无法进入大脑。这就是说注意力有障碍。

　　注意力障碍，主要表现为无法将心理活动指向某一具体事物，或无法将全部精力集中到这一事物上来，同时无法抑制对无关事物的注意。

　　研究表明，正常儿童在不同年龄阶段注意集中的时间长度不同，而且跟年龄成正比：2-3 岁，平均注意力集中的时间长度为 7-10 分钟；4 岁达到 12 分钟；5-6 岁，时间长度为 12-15 分钟。判断学龄前宝宝是否注意力不集中，不能从家长的主观感觉来判断，应该根据其年龄段的平均注意力集中时间，如果宝宝专注时间短于平均时间长度，才

有可能患有注意力障碍。

宝宝注意力不集中有生理方面的原因，比如孩子听力或知觉先天型发育不良，天生好动，以及神经系统或大脑微功能发生问题，也有可能是营养不良，缺铁性贫血的孩子临床上容易误诊为多动症；铅中毒也会造成孩子的注意力不集中。还有的孩子喜欢可乐、咖啡、茶等，会引起神经兴奋，也会让孩子注意力不集中。还有研究表明，剖腹产出生的孩子，由于没有经过人体的第一次感觉的学习和感觉的训练，没有经过产道的挤压，如果后期这样的孩子没有经过训练，长大后有可能感觉系统失调，注意力不集中。

排除生理方面的原因，心理学上把宝宝注意力不集中的原因概括为以下 4 个方面：

1. 控制注意能力弱 孩子对新鲜事物较为敏感

人的注意分为有意注意和无意注意。无意注意，指没有目的，不需要自己控制，被动地被周围的事物刺激。有意注意，是有目的、有任务、需要努力而达到的注意。3 岁以内的宝宝，主要是无意注意为主，这是由于孩子神经系统活动的内抑制能力尚未发展起来。只有新奇的、令宝宝感兴趣的东西或事情才能吸引宝宝，而且控制注意的能力较弱。随着宝宝大脑发育水平的提高，有意注意逐渐发展。然而在 6 岁之前，无意注意还是占优势，任何新奇多变的事物都能吸引他。

2. 教育方式不当 教养者蛮横干涉起反作用

家长在埋怨孩子不专心的同时，亦要反省自己有无不对之处。

先天型注意力不集中毕竟是少数，大多数宝宝的性格特点都是受后天环境的影响，尤其是家庭教育方式的影响。首先，家长不尊重孩子，对孩子所做的事情和游戏不认可，认为是"胡闹"，蛮横加以阻止，孩子本来正聚精会神做一件事情，家长却武断地让孩子换做其他事情，这样蛮横干涉孩子的活动，终止他们的游戏或工作，影响他们统一的和一贯的精神培养。

其次，家长望子成龙，望女成凤，整天强迫孩子长时间从事单调的学习活动，学习是脑力劳动，要消耗大量的脑内氧气，孩子大脑很脆弱，必定造成孩子大脑疲劳而精神分散。

第三，家长对孩子做事有头无尾、拖拖拉拉的现象没有加以合理引导，缺乏合理规范，时间长了就让孩子缺乏应有的纪律感和专心态度。

第四，家长做了坏榜样，比如边看电视边吃饭，边说话边玩手机，让孩子无意中模仿。另外，有些家长喜欢给孩子贴上坏标签，孩子年龄小，本身注意时间长度短，但家长动不动说孩子"做什么事都不专心"，久而久之，孩子就只会发展成家长的这种期望。

3. 选择性注意　孩子对不敏感的事物缺乏兴趣

兴趣是观察、专心的动力。人的注意力是有选择性的，对自己感兴趣的事物能够集中注意力，较少受外界干扰；对不太感兴趣的事物则容易思想分散，表现出明显的情绪色彩。成人对某一件事感兴趣时，注意力都会非常集中。就像玩游戏，喜欢玩游戏的人才会沉浸在游戏中，不喜欢玩游戏的人，一定是心不在焉的。孩子也是一样，他们处于好奇心非常强烈的年纪，他们对从未见过、听过的事物，都觉得有

独特的魅力，能吸引他们的注意。有的家长觉得自己孩子注意力不集中，可能是家长要求孩子所做的事过难或过易，孩子不敢兴趣，所以才会出现东张西望、抓不住要领这样的情况。

4.周边环境影响 杂乱环境干扰孩子的注意力

一个在井井有条的环境中成长的孩子，做事也是井井有条的。反之，如果环境杂乱，屋外是嘈杂的车声、人声，屋内是电视声、流行音乐声、麻将声等，这样环境里长大的孩子，很少是注意力集中的。比如，孩子正在学习，大人却在看电视；家里到处乱放玩具，孩子就一会玩玩这个，一会玩玩那个。另外，家长不给孩子规定哪个地方是吃饭的，哪个地方是睡觉的，哪个地方是学习的，从小就让孩子在床上、沙发上等地方吃饭，或吃饭的时候想起来吃一点，一碗饭吃个好几次，这样都让孩子养成随意地做事、玩耍和拖延时间的习惯，在学习的时候注意力肯定不集中。

家长执行方案：帮助宝宝集中注意力

学龄前的主要任务就在于通过一些学习活动为孩子的正规学习准备条件。良好的注意力，就是必备条件之一。培养孩子的注意力，应该在学龄前就开始。家长如果在宝宝学龄前不加以重视，加以改善，将影响孩子学龄期对文化知识的学习。

制胜绝招一：在细节上培养，让孩子养成良好习惯

家长应从生活习惯方面，培养孩子良好的行为习惯。好的行为习惯，不是一蹴而就的，而是和风细雨，从小事上一点一滴地培养起来的。家长要给孩子调整合理的生物钟，要求什么时候睡觉，什么时候起床；吃饭时间和量的多少也要规定，不能什么时候饿了什么时候吃；玩具用过之后，要归于原位；等等。还要合理制定孩子的作息时间，什么时候可以玩，什么时候必须学习，什么时候一定要睡觉休息，劳逸结合有助于孩子注意力的集中。有足够的睡眠，有固定的起居饮食及游玩时间，宝宝会有愉快的情绪来专注学习。

制胜绝招二：培养自控能力，加强有意注意

学龄前宝宝无意注意占优势，家长要培养孩子有意注意，有意识地培养幼儿的自我控制能力，使注意力服从于活动的目的和任务。因为孩子的注意力控制能力弱，遇到不喜欢做的事情，但又必须要做的事，或遇到困难和干扰，孩子很有可能无法集中注意力，这时候就需要家长有意识来引导加强孩子有意注意。家长可以根据孩子的兴趣，让学龄前孩子上绘画班或钢琴班等，让孩子学会在一段时间内专心做一件事，来培养孩子的自制力。根据孩子的。另外少让孩子长时间看动画片或玩电子游戏等，多做一些家庭或户外小游戏，如过家家等。

制胜绝招三：创造安静的家庭学习气氛

要想让孩子注意力集中好好学习或玩游戏，家长首先就要安静，创造一个可以让孩子集中注意力的氛围。

孩子在搭积木、玩配对及其他要求专注的游戏时，就不要开着电视机，如果宝宝可以独自完成，家长就不要去干涉；孩子在学习时，家长杜绝一切分散孩子注意力的声音，不要过度关心地唠叨，问这问那，更不要在孩子学习的房间接待客人。同时，家长应该以身作则，表现出专心、坚持和耐心的榜样，在孩子学习时，也可以认真学习，让孩子去模仿。另外，家长应该把家里收拾得有条不紊，不要给孩子买太多玩具，孩子的玩具要固定放在一个地方。

NO.4 孩子厌烦文化课——"感官协同效应"提高孩子的学习效率

随着年龄的增长，孩子逐渐有了自己的兴趣爱好，慢慢地会根据自己的心理期望去喜欢，或厌恶一件事物。比如上学的时候孩子喜欢美术、音乐、体育等艺术课，厌恶语文数学英语等文化科目，这让所有的家长头疼不已。作为父母，家长们应该认真的反思一下，应该如何帮助孩子走出心理误区。

小李的孩子婷婷是个能歌善舞的机灵女孩，今年刚刚上一年级，四岁的时候婷婷就被家长送去学习音乐和舞蹈，可谓是多才多艺。

7岁的婷婷从幼儿园过渡到小学，可是婷婷只愿意上美术音乐，

艺术课堂上她总是很活跃，可一旦上语文数学等文化课，她就无精打采，显得毫无活力。

周五放学的时候，小李去学校接婷婷，可刚进校门就被婷婷的班主任老师叫到办公室。婷婷从小一直都很乖，难道她犯了什么错误？小李心中有些疑惑。

"李先生，婷婷最近开始出现旷课的行为，不知道你发现了没有？今天中午的一节语文课她没在教室，听别的老师说，她去操场和隔壁上体育课的同学玩耍。"听老师的口气，婷婷逃课已不是一次两次。

听到一直很听话的女儿竟然开始逃课，小李听到老师的话，气不打一处来，厉声说道："这孩子，什么没学会却学会逃课，今天晚上回去我会好好批评她。"

老师听小李这么一说就急了，"婷婷爸爸，这样可不行，孩子还小，粗暴的教育不仅不能解决问题，可能还会引起孩子的反抗心理，使问题愈加严重，对待孩子要有耐心，多和她沟通。"

听了老师的话，小李惭愧地点了点头。

回家后，小李详细地询问了婷婷不去上课的缘由，婷婷委屈地说："上美术课和音乐课老师讲的东西我听一次、看一次就记住了，可上数学的时候不能集中注意力，老师讲的东西也记不住，我讨厌上数学课。"

听着婷婷委屈的抱怨，小李一时束手无策，不知是该安慰还是该批评她。

专家聊天室 "感官协同效应"促进孩子的接受能力

"感官协同效应"是指大脑在收集信息时，参与的感官越多，思维越发达，得到的抽象信息也越丰富，所接受的新事物在脑海中的影像就越深刻，也被称作"感官协同定律"。

研究表明，听觉认识新事物，能记住所接受事物的百分之十五；视觉接受新事物，可以记住百分之二十五；而视觉和听觉同时运用的话，就能了解到新事物的百分之六十五。

打个比方，比如孩子在学习数字的过程中，单个的数字怎么也记不住，就算勉强记住了也很容易和别的数字混淆，或者很快会忘记，但是如果在每一个数字旁边配上外观或者发音相似的动植物突然，孩子很快就会记住；文化课上学习的知识，孩子怎么也记不住，艺术课程只一遍，孩子就全部记住了，这都是"感官协同效应"的杰作。

1. 协同型心理 影响孩子学习能力的多方因素

之前说过，听觉和视觉同时接受一件新事物，其产生效果远远比单用眼睛看，或是单用耳朵听强，如果孩子在学习的历程中，可以将视觉、听觉、触觉、嗅觉等因素相结合，那么相比必定可以事半功倍。早在宋代中国学者朱熹就提出类似于运用感官协同效应来提高学习效率，其言有道"读书有三到，谓心到、眼到、口到。心不在此，则眼看不仔细，心眼既不专一，却只漫浪诵读，决不能记，记亦不能久也。"

2.淡化型心理 单一的认知方式淡化孩子的兴趣

在孩子的学习过程中会遇到这样一种问题，老师在课堂上传授的一些理论知识，孩子一般都会牢牢记住，可等到实际运用的时候却怎么也想不起来，这就是孩子没有掌握好学习方法的典型问题，自己的认知范围和事实的现实存在一定的差异，长此以往，孩子对这门课程原有的兴趣就会慢慢淡化，久而久之便会出现厌恶情绪。而相对于音乐美术等艺术课程来说，上课期间的动手机会较多，老师所讲述的知识可以通过多方渠道来加以深化，便会在孩子的脑海中留下深刻印象，从而对其产生浓厚的兴趣。

家长执行方案：正确运用"感官协同效应"来提高孩子的学习效率

想必各位家长现在已经基本了解什么是"感官协同效率"，也清楚"感官协同效率"对孩子学习能力的影响，可如何才能将"感官协同效率"运用到教导孩子的现实中，这个问题并不难，作为家长，我们应该懂得这一心理学效应，并将此应用到孩子的学习中来，引导孩子获得良好的学习效果。

孩子在接受新事物新知识的过程中，付出同样的经历，怎样才能做到效率做大化呢？如果孩子在学习方面出现问题，不要急着责备，先找找原因，对症下药，合理利用心理学中的"感官协同效应"来帮助孩子。

下面我们就一起来了解几种"感官协同效应"使用的方法，学会引导孩子调动感官协同参与学习。

制胜绝招一：多维学习法帮助孩子走出学习误区

在孩子的学习过程中，听、说、看、写、感五项能力相结合，用多种感觉参与到认识新事物的学习中，可以加强大脑处理信息的能力。所谓"听"，就是注意听取老师的讲解和同学的提问；所谓"看"，就是观看课本教材，及老师的讲解板书；所谓"说"，就是口述课程重点、英语单词等知识；所谓"写"，就是奉行耳过千遍，不如手过一遍的传统教育方式，多动手抄写课程重点；所谓"感"，就是用心领悟老师所授知识，发散思维，积极思考。只要做到这五点想必孩子的学习效率会大大提高。

制胜绝招二：采用多种途径来正确引导孩子

针对孩子偏科、厌恶文化课的问题，我们应该先认清孩子学习接受能力低下的原因，可再通过讲解相关学习故事，辅以图片、视屏，调动孩子的积极性，让孩子感受到学习的乐趣。针对较为复杂的问题，家长可以采用循序渐进的方式，少量多次的给孩子灌输新知识新思想，针对不同的情况，采用多种方法和教育途径来引导孩子，这样不仅增强了孩子的接收理解能力，也大大地提高学习效率。

制胜绝招三：根据科目不同，合理利用"感官协同定律"

科目不同，感官协同定律的运用方法也有所差异，如果能根据不同的科目制定不同的应对策略，那对孩子来说可大大提高学习兴趣和

206

效率。打个比方，例如在学习英语的过程中，可以运用"感官协同定律"，结合视、听、说三项能力来学习，做到多阅读、多听取，多开口，这样可大大提高学习效率；在自然科学的学习中，通过实验操作，将视觉、听觉、嗅觉等多方感觉相结合，进一步刺激大脑皮层，会有意想不到的效果；在数学几何学习中，在听知识，看板书之外，也可以尝试让孩子多动手，去折拆拼搭几何图形，这也不仅可以培养孩子的动手能力和空间想象能力，更可以提高孩子的学习兴趣，解决喜好艺术课，讨厌文化课的偏科难题。

NO.5　看到书本就耍脾气——"倒 U 形说"给孩子的压力要适当

有人认为孩子的童年应该是无忧无虑的，不要施加压力，可是在没有压力的情况下，孩子就像脱缰野马，很难管束，让家长十分头疼；有的家长则认为没有压力就没有动力，"幼不学老何为"，从小就对孩子要求严厉，结果孩子压力太大，表现出厌学、焦虑、迟钝等现象，也让家长头疼。

现在的家长们普遍倾向于后者，望子成龙望女成凤心切，给孩子的期望过高，导致孩子压力过大。孩子年幼，抗压能力弱，不可避免会出现一些心理异常。比如有的孩子看到课外书就耍脾气，这是孩子发泄压力的一种表现，家长引起重视，应该反思自己的教育观念和教育方式是否有问题。

虫虫的爸爸妈妈是外企白领，工作很忙。虫虫爸爸是独生子女，总觉得自己小时候被家人过于溺爱，放任自流，从小就没有打好学习

基础，致使中学和大学学习都十分吃力。因此，有了虫虫以后，虫虫爸爸打算用另外一种方式来教育虫虫，不能放任自流，要重视早教，给虫虫打好坚实的学习基础。

为了让才虫虫更好地成长，虫虫爸爸要求虫虫妈妈辞职，全力以赴在家带虫虫，而不要保姆或者爷爷奶奶来带。虫虫妈妈也十分认同。虫虫从小表现就很聪明，八个月就会叫爸爸妈妈，十个月就会说简单的字词，这都归功于虫虫妈妈每天不厌其烦地念诗词，教虫虫说话。

一天晚上，虫虫爸爸照例在虫虫睡前给虫虫讲故事，这时候虫虫忽然说了一句："忽如一夜春风来，千树万树梨花开。"虽然虫虫吐字不清晰，但爸爸还是非常惊喜，这时候的虫虫才一岁半啊，太聪明了。但为了防止虫虫骄傲，爸爸没有表扬，很严肃地纠正了虫虫的发音。可这次，虫虫不想学发音，拒绝跟着爸爸说。

虫虫两岁时，家里仅有几个玩具，其他都是课外书，有三字经这样的国学，有经典童话这样的故事书，还有唐诗宋词，有儿歌谜语等。虫虫掌握的知识也不少。每次有客人来，妈妈就叫虫虫"显示"一番。

3岁时，虫虫上了幼儿园。幼儿园可真好玩啊，玩具又多，伙伴们又多，虫虫爱上了幼儿园。回到家里，他发现自己的小天地实在太无趣的，大喊大叫要求妈妈给买玩具。妈妈坚决说玩具够了，让他看课外书。从没有发过大脾气的虫虫，竟然拿起课外书就撕，边撕边哭。妈妈一生气就在虫虫屁股上打了两下，更不得了了，虫虫把课外书向妈妈身上扔去……

专家聊天室：解析宝宝承受压力弱的原因

家长教育孩子，很多都是从自己的角度出发，而不是从孩子的心

理成长角度出发；理解孩子的时候，都是从"行为"入手的，而并非从"心灵"入手。这就是为什么家长对孩子的表现不理解而感到头疼的原因。家长只有懂得如何关注孩子的心灵，从孩子的心理成长角度出发，去理解孩子各种行为背后的心理隐患，才能让孩子更好地成长。

孩子就像一棵小树苗，需要阳光雨露，也需要风吹雨打，为什么有的孩子不能承受风吹雨打呢？其中的原因有哪些呢？

1. 偏执型人格 严苛的教育模式扭曲孩子的性格

有人做过调查表明，在孩子 0-6 岁阶段，我国婴幼儿家庭月均育儿支出约占家庭总收入的 20%，奶粉、尿片等都是很大的花销，早教费用更为高额的育儿费"添砖加瓦"。父母对孩子的期望，导致孩子的竞争起跑线不断前移，所以对早教非常重视。为了不让自己的孩子输在起跑线上，家长们对孩子实行严苛的教育模式，最明显的表现，就是给孩子过大的压力。

学龄前的孩子，家长就希望孩子不仅会读生字，还要会写、会默、会运用；不仅要会数数，还要会加减乘除的计算，甚至提前接触奥数。可是，孩子没有成人的思维，也并不十分清楚父母对自己进行教育的真正目的是什么，更不懂如何将压力转化为动力。过大的压力让孩子难以喘气，没有正常的童年生活，让孩子不同程度上产生心理障碍。过于严苛的教育模式会带来很多副作用，以不同的方式表现出来，还比如一些人身上发生的偏执人格、抑郁症等，很多都和童年所受的强权教育有关。

2. 敏感型心理 承受能力强弱分化的危害

孩子的承受能力天生有差异，意志力薄弱的孩子心理承受能力差，稍微受点压力就叫苦不迭，他们表现得过于敏感和害羞，朋友少，不善于沟通，缺乏耐心，易闹情绪，遇事爱抱怨。而自制力强的孩子明显忍耐性强，他们机智而自信，善于自我放松，有冒险精神，能自己面对困难，有一定的抗压能力，能够把压力化为动力。家长要善于观察孩子，了解孩子对压力的承受能力，根据孩子的客观情况，为孩子的早教制定具体的学习任务和方向，给予适当的压力。

3. 逆反型心理 错误的教育方式使孩子压力倍增

适当的压力能够激励孩子成长，很多家长都明白这个道理，也都实施了挫折教育，让孩子适度面对挫折。然而，有的家长对挫折和压力的理解有偏差，认为讽刺挖苦、威胁恐吓、不理不睬等方式就是激励。孩子做对了家长担心孩子"翘尾巴"从不表扬，只是一味地批评，其实，这是对孩子的心灵虐待。这种心灵虐待会给孩子造成难以愈合的心理创伤，使得孩子心灵变得扭曲、变态、自卑、缺乏爱心、焦虑压抑，不仅会厌学，还很容易造成成人时期的种种性格缺陷。

家长执行方案：如何利用倒 U 形说给宝宝适度压力

很多家长都清楚地知道激励的作用，但却不知道该如何去把握"度"。对此，家长有必要了解一下"倒 U 形假说"。

英国心理学家耶基斯和他的学生多德林曾经对工作压力和工作业绩之间的关系做过研究，结果显示：对于处在各种工作状态的人来说，过大或过小的压力都会使工作效率降低。压力较小，人们觉得工作缺乏挑战，所以精神和行为处于松懈状态；压力逐渐增大，压力成为动力，激励人们努力工作，从而提高工作效率；然而压力达到人的最大承受能力时，人无法承受压力，从而阻碍人们努力工作，工作效率也就降低了。

为求证倒 U 形假说，法国心理学家齐加尼克做了一个实验，他把受试者分为两组，让他们完成 20 项工作。其间，齐加尼克对一组受试者进行干预，使他们无法继续工作而未能完成任务，而对另一组则让他们顺利完成全部工作。结果显示，所有受试者在接受工作的时候都处于一种紧张状态，那些顺利完成工作的，在完成工作后紧张状态消失；那些没完成工作的，紧张状态持续存在，心理压力难以消失。

同样，教育孩子时，家长也会发现，当孩子负担过重，心理压力过大时，学习效果很差；而当孩子有适度压力，能轻松完成学习任务时，学习效果很好。可见，教育孩子可以利用倒 U 形假说给孩子适度压力，改变"压力越大，效率越高"的错误观念，找到一个最佳点并以此为标准，适当掌控压力的增加和减少，使激励达到最佳效果。

制胜绝招一：给孩子合理的理想期望

家长对孩子的期望值其实就是对孩子施加的压力，期望值过高或过低都会毁了孩子。过高，会给孩子很大的压力，孩子怎么努力都无法实现，会对自己的能力产生怀疑；过低，会让孩子觉得自己很容易

达到父母的期望，从而放松对自己的要求。家长对孩子的期望可以循序渐进，刚开始让孩子很容易达到，再慢慢提高期望。当然，在孩子达到期望时，家长要给予表扬，并适度奖励，让孩子有信心和动力向下一个目标努力。

制胜绝招二：给孩子适度心理压力

俗话说"井无压力不出水，人无压力难成器。"有的家长担心孩子压力过大，总想着让孩子在快乐中学习和成长，担心给孩子压力过多，所以就放松要求，甚至没有要求，这种教育方法是不正确的。家长要对孩子给予一定的压力，这是一种鼓励，是帮助孩子建立自信心的主渠道，对发掘孩子的潜力也大有益处。据科学研究表明人的一生中只有5%的潜能得到运用，95%的潜能未被开发出来，适当压力会开发孩子的潜能，让孩子更好地提高自己的能力。绝对宽松的教育肯定会失败，绝对高压的教育也会失败。所以，对孩子施加压力，家长一定要掌握这个度，并适时调节，当孩子压力较小时适当增加压力，当孩子压力较大时缓解压力。

制胜绝招三：给孩子适度言语支持

其实，孩子的抗压能力并不是天生的，这取决于家长的态度，是否支持孩子去挑战这样的压力。为了激发孩子的潜能，家长会对孩子施加压力，但是当孩子在面对压力时，父母的态度是冷漠的，是无所谓的，这会让孩子觉得自己孤军奋战，很容易在压力中消沉。那么家长应该怎么支持孩子呢？一是要及时表扬，当孩子取得进步时，要赞

扬孩子，为了不辜负你的赞赏，孩子会怀着积极的心态全力以赴。二是要一起和孩子面对压力，尤其是孩子面对挫折时，家长要帮助孩子正确认识失败和成功，认识到"失败"与"暂时挫折"的区别，分析原因，总结经验和教训，让孩子在挫折中成长。

NO.6　孩子总爱丢三落四——如何让马大哈宝宝细心点

很多家长抱怨自己的孩子是个马大哈，做事情丢三落四，经常找不到玩具、铅笔或书本，写作业时明明会写或会做题，却在小细节上屡次出错等等。多数家长们认为是宝宝不认真才造成的马大哈，殊不知，孩子粗心大意的背后另有乾坤。

墩墩从小就表现得机灵聪明，例如会跟着电视画面很准确地舞出节奏，一首歌谣听过两遍就可以咿咿呀呀背出来，爸爸妈妈虽然心里高兴，但也觉得很正常，现在的孩子，哪个都聪明。但是爷爷奶奶就不一样了，他们对这个聪明的孙子满口夸赞。看到墩墩一个小小的进步，他们就做出非常喜悦的样子拥抱墩墩，大声说："我们孙子太棒了，太聪明了！"然后多半会给墩墩奖励一个什么礼物。慢慢地，小小年纪的墩墩有点骄傲了，也觉得自己非常棒，做游戏或玩积木时心理上轻视目标、急促冒进，想努力表现自己最棒的，导致太草率而经常出一些小差错。

墩墩在幼儿园的第一篇作业获得了一朵大红花，拿回家来爷爷奶奶高兴得合不拢嘴，赶紧带墩墩去吃肯德基。然而，之后他们发现墩墩几乎没有得过小红花了，作业上写的数字会写错，比如把"3"写

成倒立的，把"6"写成"9"，汉字也是缺胳膊少腿的。爷爷奶奶赶紧把这个发现告诉了爸爸妈妈，爸爸妈妈这才赶紧想办法纠正墩墩粗心大意的坏习惯了。

相似情形也发生在点点身上。点点妈妈是个急性子，看不惯别人做事慢。对待女儿点点，妈妈就希望点点不能是一个慢性子的人，她希望按照自己的方式去培养点点。点点最喜欢玩拼图游戏，对于观察力和判断力并不强的点点来说，这个游戏很费力，速度很慢。这时候妈妈就着急了，忍不住提醒她，要怎么挑卡片，怎么拼才会更快完成一幅拼图作品。如果点点不听妈妈的建议，妈妈就生气训斥。妈妈是希望点点在少犯错误少走弯路的前提下，用最快的时间完成，一方面减少点点出错的几率，另一方面也提高点点做事情的速度。但事与愿违，在妈妈这种教育下，点点在独立做事情的时候总是出错，因为她习惯了妈妈的指点，不再习惯动脑。

专家聊天室：解析孩子粗心背后的原因

粗心并不是洪水猛兽，家里有粗心孩子，家长不要过于大惊小怪。但也不是小毛病，学龄前有粗心的坏习惯，将会影响孩子在学龄期间的学习和生活。任何异常行为都有其原因，家长想要帮助宝宝克服粗心习惯，就要了解宝宝粗心的原因，从而适时引导。

心理学上把宝宝粗心大意的原因归结为以下几个方面的原因。

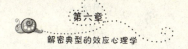

1. 集中判断力差 无法完整复制和正确区分

孩子粗心，并不是说他不认真，他没有办法控制自己不出一些小差错，无法控制自己不丢三落四，这主要是宝宝客观上的思维发展水平决定的。宝宝年纪小，注意力的广度和集中性比较差，观察到的内容，他不能在脑海中完整地保持下来，更不能完整地复制出来，于是就出现了漏字或写错的情况；同时，导致集中性差会导致孩子的判断力受限，对于一些新鲜的事物，孩子接受起来会慢，尤其是对于形象相似的事物，他们很难区分，比如"王"和"玉"，在他们眼里就是两个相同的字。

2. 视觉水平的差异 视知觉能力差是造成粗心的关键

心理学上，视知觉是一种将到达眼睛的可见光信心解释，并利用其来计划或行动的能力。包括视觉联想能力、视觉记忆能力、视觉辨别能力、手眼协调能力和视觉追踪能力。有些孩子视知觉能力不足，就会表现出幼儿时期倒着爬，把鞋穿反，把相似的字母、数字或汉字看成相同的等等。比如有些孩子容易混淆"3"和"8"，有的分不清"大"和"太"、"叉"和"又"。他们把相似的看成了相同的，却还觉得自己是对的。不同年龄阶段，视知觉能力会有不同特征。如果孩子的视知觉能力达不到同龄孩子的水平，他就容易出现粗心的现象。如果孩子的视知觉能力发展不足，即使他有健全的视觉器官，能做到专心致志，但面对本年龄段的学习任务，再怎么去努力也很难做好。

3. 习惯的养成　不良的生活和学习习惯造成孩子粗心大意

有心理学家这样说："播下一种思想，收获一种行为；播下一种行为，收获一种习惯；播下一种习惯，收获一种性格；播下一种性格，收获一种命运。"不良的生活和学习习惯，是养成孩子粗心大意毛病的土壤。比如，把自己的玩具、衣物乱放乱扔，一边写作业一边看电视或吃零食，写作业时不在乎字"缺胳膊少腿"，即使被指出错误了也懒得改正，等等。这些邋遢的生活习惯和一心二用的学习习惯，直接促成了孩子的粗心毛病。

4. 不当教养方式　后天教育的失策

天生粗心的孩子毕竟少见，粗心大意的毛病大多是孩子后天养成的，尤其是家庭教育的影响。有些家长过度关注宝宝，在宝宝做游戏或做作业时进行干涉，导致孩子思维混乱，不容易集中注意力，继而会养成粗心的毛病；有的家长过度保护孩子，把所有事情都包办代替，致使孩子缺乏接受挑战的能力，难以养成独立的性格，导致孩子缺少责任感，不爱思考，粗心大意；有的家长过分赞扬孩子，让孩子觉得成功来得太容易，或者总是给孩子比较容易的任务让孩子轻易完成，都会让孩子轻视所面临的生活或学习任务，同时又想在最短时间内获得别人的肯定，只注意速度，就没了质量；等等。另外，家长是孩子的第一个榜样，所谓上梁不正下梁歪，家长邋遢粗心的习惯会严重影响孩子。

家长执行方案：如何正确引导孩子，纠正孩子的粗心行为

粗心其实是人之常情，生活中不存在完全不粗心的人，只要尽最大努力把粗心控制在一定范围内就好。家长要理解孩子的粗心，不要一味指责孩子粗心是因为不认真，而要在找到原因的前提下，对症下药，制定可行的改进方案。

制胜绝招一：训练孩子思想集中性

针对思想不够集中的宝宝，家长可以针对孩子的兴趣制定一些训练方式，来改进孩子的弱点。在婴儿期，家长有目的地让孩子看一些色彩现象的事物，或让孩子长期注视家长的脸，家长做一些逗笑的表情。到了幼儿期，家长尽量不要买太多玩具给孩子，让孩子眼花缭乱。在孩子玩耍某一个玩具或者看书时，家长尽量给孩子留足空间，不要干涉个打扰。

制胜绝招二：训练孩子视知觉能力

视知觉能力可以通过后天的训练得到提高。家长如果发现自己宝宝是由于视知觉能力差引起的粗心，可以到专门的训练机构帮助宝宝纠正。平时在家里也要加强训练，比如对2岁以前的宝宝，家长可以用玩具跟宝宝捉迷藏，把球扔到桌底下，让孩子自己去寻找；对3岁以上的宝宝，家长带宝宝多做"找不同"这样的游戏，可以是书本上的图画联系，也可以是现实中的物体。另外，画画也是训练孩子视知觉能力的有效方式。

制胜绝招三：帮助孩子养成有条理的生活习惯和学习习惯

　　良好习惯的培养是从小事做起，在日常生活中培养出来的，是可以受益终身的。生活中，家长引导孩子在玩游戏结束后自己收拾整理玩具，自己整理自己的房间；吃饭的时候关掉电视机，等等。学习上，不允许学习的时候看电视；在规定的时间内做作业，即使做好了也要自己做检查，对于错误要适当惩罚；帮助孩子建立错误本，把难以分清的汉字、字母或数字专门写在一个本子上，加强练习。有条理的生活习惯，一心一用的做事方法，和知错就改、改了绝不再犯的学习习惯，对改进孩子粗心大意的毛病有很大作用。

制胜绝招四：合理教养方式，正面的心理暗示

　　家长要注意自己的教育方式，比如给孩子学习和游戏的空间，鼓励孩子独自去做力所能及的事情，给予技巧性而非过度的表扬，适当给孩子设置障碍进行挫折教育，等等。同时，家长在孩子面前尽量不要表现出粗心大意的行为。还有重要的一点，家长对待粗心宝宝的方式上，不能给孩子贴上"马大哈""粗心"等标签，孩子就会接受这种负面暗示，认为自己真的粗心，从而真的形成粗心的不良习惯。相反，要发现孩子细心的部分，并且夸大这种细心，从而强化孩子"细心"的心理暗示。